U0173723

人人学茶

第一次

Yellow Tea

品黄茶就上手

图解版

黄友谊
李传恺
石玉涛 主编

旅游教育出版社
·北京·

策　　划：赖春梅
责任编辑：赖春梅

图书在版编目(CIP)数据

第一次品黄茶就上手：图解版 / 黄友谊，李传恺，
石玉涛主编. --北京：旅游教育出版社，2021.3
（人人学茶）
ISBN 978-7-5637-4222-6

Ⅰ．①第… Ⅱ．①黄… ②李… ③石… Ⅲ．①品茶—
图解 Ⅳ．①TS272.5-64

中国版本图书馆CIP数据核字(2021)第026026号

人人学茶

第一次品黄茶就上手（图解版）

黄友谊　李传恺　石玉涛◎主编

出版单位	旅游教育出版社
地　　址	北京市朝阳区定福庄南里1号
邮　　编	100024
发行电话	（010）65778403　65728372　65767462（传真）
本社网址	www.tepcb.com
E-mail	tepfx@163.com
印刷单位	天津雅泽印刷有限公司
经销单位	新华书店
开　　本	710毫米×1000毫米　1/16
印　　张	11.75
字　　数	175千字
版　　次	2021年3月第1版
印　　次	2021年3月第1次印刷
定　　价	56.00元

（图书如有装订差错请与发行部联系）

编委会

主　编：

　　黄友谊　华中农业大学园艺林学学院

　　李传恺　湖北省竹山县茶叶产业办公室

　　石玉涛　武夷学院茶与食品学院

副主编：

　　肖秀丹　湖北省宜昌市夷陵区农业技术服务中心

　　张　霞　长江大学园艺园林学院

　　朱珺语　湖北生态工程职业技术学院生态环境学院

　　陈奇志　岳阳市茶叶协会

参　编：（按姓氏拼音排序）

　　陈盛虎　湖北省果茶办公室

　　段思佳　中茶生活（北京）茶业有限公司

　　郝晴晴　湖北省宜昌市农业科学研究院

　　黄晓琴　山东农业大学园艺科学与工程学院

　　黄莹捷　江西农业大学农学院

　　李品武　四川农业大学园艺林学学院

李　勇　中茶湖南安化第一茶厂有限公司

刘　聪　普洱茶研究院

钱　虹　浙江省德清县农业技术推广中心

舒小红　重庆荟茗职业培训学校

孙世利　广东省农业科学院茶叶研究所

唐应芬　安徽省霍山县农业产业发展中心

王坤波　湖南农业大学园艺学院

吴祠平　四川省雅安市名山区农业农村局

谢前途　浙江省平阳县农业农村局

徐小云　湖北省宜昌市农业科学研究院

张文杰　普洱茶研究院

张莹莹　湖北省远安县农业农村局

赵登权　安徽省霍山县农业产业发展中心

赵　瑶　湖北三峡职业技术学院农学院

　　黄茶是六大茶类中的小众茶，知道的人不多。黄茶虽少，但仅有的几个茶在所有茶产品中却均赫赫有名，如君山银针茶、蒙顶黄芽茶、霍山黄芽茶等。由此可见，黄茶自身的魅力巨大，有着可以充分吸引人们注意的独特地方。当前在六大茶类中，唯有黄茶生产销售少，这也反衬出黄茶的发展潜力巨大。通过把黄茶的相关知识归纳在一起，必将会更有效地传播黄茶知识，吸引更多人关注和开垦此领域。

　　全书的编写汇集了国内相关院校和黄茶生产一线人员的共同智慧，所收集的均是生产一线的最新资料，充分反映出黄茶产业的现状。读者想了解较为全面的黄茶知识，本书无疑是一本非常恰当的选择。

　　全书由黄友谊统编，李传恺、石玉涛协助统稿。肖秀丹、段思佳撰写黄茶之类，张霞撰写黄茶审评，刘聪、张文杰撰写黄茶选购、收藏，朱珺语、张莹莹撰写远安黄茶，陈奇志撰写岳阳黄茶，石玉涛、陈盛虎撰写黄茶之况和黄茶之源，郝晴晴撰写黄茶之生，黄莹捷撰写黄茶之制，李品武、吴祠平撰写蒙顶黄芽，李勇撰写沩山毛尖茶，钱虹撰写莫干黄芽茶，舒小红撰写黄茶之艺，黄晓琴撰写平阳黄汤茶艺，孙世利撰写广东大叶青，唐应芬撰写霍山黄大茶，王坤波撰写君山银针茶，谢前途撰写平阳黄汤茶，徐小云撰写黄茶之惑，赵登权撰写霍山黄芽茶，赵瑶撰写黄茶之功，黄友谊、李传恺撰写黄茶之饮。

　　书中参考引用了前人的相关资料，尤其是茶语网授权编者使用了很多高清晰的黄茶照片，在此谨致深深谢意。书中存在的不足之处，敬请读者批评指正。

编者

主编简介
About the Authors

黄友谊，教授，博士生导师，就职于华中农业大学园艺林学学院茶学系。为中国农村专业技术协会茶叶专业委员会主任委员、湖北省茶叶学会副秘书长、湖北省三区人才、湖北省茶产业创新体系岗位科学家、国家职业技能鉴定高级考评员与质量督导员。

● 主持国家自然基金 3 项、横向课题 60 多项，参与国家支撑计划、973、卫生部重大专项等课题多项。

● 拥有国家发明专利 14 项，获省级技术成果 7 项，获湖北省科技进步三等奖 1 项，制定湖北省地标 4 项。

● 先后荣获华中农业大学社会服务先进科技工作者、湖北省"全省优秀茶业科技工作者"、湖北省脱贫奔小康试点县工作先进工作者、中国茶叶学会青年科技奖、2016 年以来全国科技助力精准扶贫工作先进个人等荣誉。

李传恺，高级评茶员、十堰市科技特派员，在湖北省竹山县农业农村局从事茶叶产业建设与技术推广工作。参与农业科技项目 16 项，发表学术论文 4 篇，申请发明专利 1 项，参与制定地标 2 项。获全国茶叶加工职业技能竞赛二等奖、湖北省茶业职业技能大赛制茶组铜奖、十堰市软科学研究成果三等奖、"竹山工匠"提名奖。

石玉涛，武夷学院茶与食品学院茶学系讲师、国家一级评茶师、评茶员高级考评员。主要从事茶树种质资源及茶叶品质化学教学、研究及技术推广工作。获福建省高等教育教学成果奖特等奖 2 项、福建省科学技术进步奖三等奖 1 项，参与完成国家、省级科研项目 10 余项，发表学术论文 10 余篇。先后参编《茶叶深加工学》《茶叶营养与功能》《茶学专业英语》《第一次品岩茶就上手》等教材和多部著作。

目 录
CONTENTS

第五篇　黄茶之制 / 069

第六篇　黄茶之功 / 101

第十篇　黄茶之惑 / 161

第一篇
黄 茶之类

　　黄茶属于六大茶类之一，在一些茶叶主产省历来就有加工生产，如湖南岳阳的君山银针茶、湖北远安的鹿苑茶、四川名山的蒙顶黄芽、安徽霍山的霍山黄芽等。随着茶产业的发展，不同地方的黄茶加工生产不断地在改变，茶产品的种类也有所变化。要了解黄茶，首先要知道黄茶的产品种类，这样就更容易理解生产一线的黄茶产业真实情况。

黄茶是中国独有的茶类。独特的"闷黄"工艺造就了黄茶"黄叶黄汤、口感醇爽"的典型品质特征，使其在六大茶类中独树一帜。黄茶的历史名茶较多，君山银针、蒙顶黄芽、莫干黄芽等是黄芽茶的代表，远安鹿苑、沩山毛尖、北港毛尖、平阳黄汤是黄小茶的代表，霍山黄大茶和金寨黄大茶则是黄大茶的代表。下面介绍黄茶产品的具体分类。

一、黄茶传统分类法

在不断生产发展过程中，对黄茶的分类在不同年代会有所不同。整体来看，黄茶可以根据不同细嫩的鲜叶规格分为三种：以单芽或一芽一叶初展加工的称为芽型黄茶（黄芽茶），以一芽一叶、一芽二叶初展加工的称为芽叶型黄茶（黄小茶），以一芽二叶至一芽五叶加工的称为多叶型黄茶（黄大茶）。这主要是针对初加工黄茶进行的分类。

表1.1　黄茶传统分类法

序号	文献来源	黄芽茶	黄小茶	黄大茶
1	制茶学（第二版，陈椽主编，中国农业出版社，1986）	黄小茶（君山银针、北港毛尖、沩山毛尖、远安鹿苑、蒙顶黄芽、霍山黄芽）		黄大茶（霍山黄大茶和广东大叶青等）
2	中国茶经（陈宗懋主编，上海文化出版社，1992）、茶叶加工学（施兆鹏主编，中国农业出版社，1997）	黄芽茶（以茶芽为原料，有君山银针、蒙顶黄芽，为黄小茶的一种）	黄小茶（以一芽一二叶为原料，有霍山黄芽、平阳黄汤、北港毛尖、沩山毛尖、远安鹿苑茶）	黄大茶（霍山黄大茶、广东大叶青）

续表

序号	文献来源	黄芽茶	黄小茶	黄大茶
3	黄茶GB/T 21726-2008	芽型（以单芽或一芽一叶初展为原料，针形或雀舌形）	芽叶型（以一芽一叶或一芽二叶初展为原料，自然形或条形、扁形）	大叶型（以一芽多叶为原料，叶大多梗，卷曲略松）
4	中国茶经（2011年修订版）（陈宗懋、杨亚军主编，上海文化出版社，2011）	黄芽茶（以单芽或一芽一叶为原料，有君山银针、蒙顶黄芽、霍山黄芽）	黄小茶（以细嫩芽叶为原料，有远安鹿苑茶、平阳黄汤、北港毛尖、沩山毛尖）	黄大茶（以一芽二三叶至一芽四五叶为原料，有霍山黄大茶、广东大叶青）
5	茶叶分类（GB/T 30766-2014）	芽型（以单芽或一芽一叶初展为原料）	芽叶型（以一芽一叶或一芽二叶初展为原料）	多叶型（以一芽多叶为原料）
6	黄茶（GB/T 21726-2018）	芽型（以单芽或一芽一叶初展为原料，针形或雀舌形）	芽叶型（以一芽一叶、一芽二叶初展为原料，条形或扁形、兰花形）	多叶型（以一芽多叶和对夹叶为原料，卷略松）

二、黄茶四位一体分类法

目前市场上的黄茶产品，除了传统的初加工产品外，紧压型、花香型黄茶等再加工产品和速溶黄茶、黄茶饮料等深加工产品也逐步在开发销售，黄茶产品的花色品种也越来越丰富。为此依据加工深度、用途、制法与品质，可以对黄茶进行四位一体分类。

（一）初加工黄茶

黄茶依据2018年制定的黄茶国家标准，

图1.1 黄茶四位一体分类法

按鲜叶老嫩的不同可分为芽型（黄芽茶）、芽叶型（黄小茶）和多叶型（黄大茶）三类。

1. 芽型黄茶

芽型黄茶采摘单芽或一芽一叶初展加工而成，主要有湖南岳阳的"君山银针"、四川雅安名山的"蒙顶黄芽"和安徽霍山的"霍山黄芽"。

2. 芽叶型黄茶

芽叶型黄茶的鲜叶采摘标准为一芽一叶、一芽二叶初展，有湖北的远安鹿苑茶、湖南的沩山毛尖和北港毛尖、浙江的平阳黄汤等。

3. 多叶型黄茶

多叶型黄茶以一芽多叶、对夹叶等加工而成，有皖西黄大茶（含霍山黄大茶）、岳阳黄叶等。

表1.2　黄茶感官品质

种类	外形				内质			
	形状	整碎	净度	色泽	香气	滋味	汤色	叶底
芽型	针形或雀舌形	匀齐	净	嫩黄	清鲜	鲜醇回甘	杏黄明亮	肥嫩黄亮
芽叶型	条形、扁形、或兰花形	较匀齐	净	黄青	清高	醇厚回甘	黄明亮	柔嫩黄亮
多叶型	叶大多梗、卷曲略松	尚匀	有茎梗	黄褐	纯正，有锅巴香	醇和	深黄明亮	尚软黄尚亮，有茎梗
紧压型	规整	紧实	--	褐黄	纯正	醇和	深黄	尚匀

表1.3　黄茶理化指标

指标		芽型	芽叶型	多叶型	紧压型
水分/（g/100g）	≤	6.5		7.0	9.0
总灰分/（g/100g）	≤	7.0		7.5	
碎茶和粉末/（g/100g）	≤	2.0	3.0	6.0	--
水浸出物/（g/100g）	≥	32.0			

（二）再加工黄茶

再加工茶是指以毛茶或精制茶为原料进行再加工后制成的产品。再加工黄茶当前主要是紧压型黄茶。紧压型黄茶是以黄茶毛茶为原料，直接或拼配后经汽蒸、紧压、干燥等程序而压制成砖形、饼形等形状的产品。

1. 紧压晒青黄茶

紧压晒青黄茶是以日晒干燥的黄茶毛茶为原料压制而成的。紧压晒青黄茶的品质特征为干茶紧实、色黄；内质香气清高，汤色黄、较亮，滋味醇厚，叶底黄、较亮。紧压晒青黄茶既具有黄叶黄汤的黄茶基本特征，又有黑茶耐储存、越陈越香的特性。

2. 紧压玫瑰黄茶

紧压玫瑰黄茶是按重量百分比由 90% 黄茶和 10% 玫瑰花干拼配后紧压而成。紧压玫瑰黄茶的品质特征为外形紧实，滋味醇厚回甘，气味芳香，汤色黄、较亮。

3. 紧压荷香黄茶

紧压荷香黄茶是按重量百分比由 95% 黄茶和 5% 荷叶茶拼配后紧压而成。紧压荷香黄茶的品质特征为外形紧实，滋味醇厚回甘，散发天然荷香，汤色黄、较亮。

4. 紧压菊香黄茶

紧压菊香黄茶是按重量百分比由 95% 黄茶和 5% 菊花茶拼配后紧压而成。紧压菊香黄茶的品质特征为外形紧实，滋味醇厚回甘，气味芳香，汤色黄、较亮。

（三）深加工黄茶

深加工黄茶是以初加工黄茶或再加工黄茶为原料，借助

图1.2　紧压型黄茶

各种深加工技术加工而成的产品，目前主要有速溶黄茶和黄茶饮料等。

1. 速溶黄茶

速溶黄茶是指以速溶黄茶粉为组成的固体饮料茶，能迅速溶解于水，即冲即饮，轻便易携带。速溶黄茶粉以初加工黄茶或再加工黄茶为原料，经过提取、过滤、浓缩、干燥等工艺而制成。速溶黄茶可以是纯速溶黄茶，即仅以黄茶为原料提取制成；也可以是调配型速溶黄茶，即以添加荷叶、菊花等调配好的再加工黄茶为原料提取制成；还可以是纯速溶黄茶与其他速溶食品粉剂如奶粉调配而成。

图1.3 速溶黄茶（抱儿钟秀）

2. 黄茶饮料

黄茶饮料是指以初加工黄茶或再加工黄茶为原料，经过浸提、过滤、调配等方式制成的液态茶饮料，还有利用微生物发酵而成的液态黄茶饮料。当前有利用黄大茶浸提制成的黄大特茶产品，有由微生物发酵黄茶浸提液而制成的酵素黄茶饮料。

图1.4　黄茶饮料（黄大特茶）

图1.5　黄茶饮料（野岭草堂）

三、黄茶产区分类法

黄茶按生产区域来进行分类。按省份,黄茶可分为湖北黄茶、安徽黄茶、湖南黄茶、四川黄茶、浙江黄茶、广东黄茶、贵州黄茶、江西黄茶、山东黄茶、广西黄茶等，其中湖北黄茶、安徽黄茶、湖南黄茶、四川黄茶、浙江黄茶、广东黄茶属于黄茶传统产区，而贵州黄茶、江西黄茶、山东黄茶、广西黄茶等属于新兴黄茶产区。按市县，黄茶可分为远安黄茶、岳阳黄茶、雅安黄茶、皖西黄茶、宜丰黄茶、潮州黄茶等。

（一）湖南黄茶（岳阳黄茶）

湖南黄茶在历史上主要有君山银针、沩山毛尖、北港毛尖三种，主要产于湖南岳阳市，故又称为岳阳黄茶；是指以适制黄茶的鲜叶为原料，经杀青、揉捻、闷黄、干燥等工艺加工制成的具有"独特酵花香，汤色杏黄明亮，滋味醇和甘甜"的黄茶。现代湖南黄茶种类更加丰富，依据岳阳黄茶地方标准（DB43T769-2013），岳阳黄茶分为岳阳黄茶银针、岳阳黄茶毛尖和岳阳黄茶压制茶共三大类，其中岳阳黄茶银针和岳阳黄茶毛尖依据原料嫩度和感官品质均分为特级、一级、二级、三级。依据岳阳市茶叶协会岳阳黄茶团体标准（T/YYCX001-2019），岳阳黄茶分为岳阳君山银针、岳阳黄芽、岳阳黄叶、岳阳紧压黄茶、岳阳紧压金花黄茶。

1. 岳阳黄茶银针

岳阳黄茶银针是指选用清明前采摘的单个嫩芽，经杀青、摊凉、初包（闷黄）、初烘、复包（闷黄）、复烘、干燥等工艺加工而成，具有色泽金黄发光、独特酵花嫩香、汤色杏黄明亮，冲泡时芽头直挺竖立杯中的品质特征的黄茶，以君山银针为代表。

表1.4 岳阳黄茶银针感官品质

等级	外形				内质			
	条索	整碎	色泽	净度	香气	汤色	滋味	叶底
特级	直挺壮实	匀整	金黄光亮	净	鲜嫩酵蜜香	杏黄明亮	甜醇	嫩匀明亮
一级	紧直	尚匀整	金黄	净	鲜嫩酵清香	杏黄明亮	甜醇	嫩匀明亮
二级	细紧略弯	较匀整	米黄	尚净	鲜嫩酵花香	杏黄尚亮	醇和	嫩较明亮
三级	细紧略弯	略有断碎	黄稍暗	稍有开口叶	嫩酵香	杏黄尚亮	纯和	嫩较明亮

表1.5　岳阳黄茶银针理化指标

项目		指标
水分（质量分数）/（%）	≤	7.0
总灰分（质量分数）/（%）	≤	6.5
水浸出物（质量分数）/（%）	≥	32.0
碎末茶（质量分数）/（%）	≤	2.0
铅（以Pb计）/（mg/kg）	≤	5.0

　　君山银针最初产于湖南省岳阳市君山，形细如针，故名君山银针。君山银针外形芽头壮实笔直，匀齐，茸毛披盖，色泽金黄光亮，称为"金镶玉"；内质香气高纯，汤色杏黄明澈，滋味甘爽。尤其引人入胜的是冲泡时"三起三落"现象，历来颇受赞誉。

图1.6　君山银针
（图片来源：茶语网授权）

2. 岳阳黄茶毛尖

　　岳阳黄茶毛尖选用茶树芽、叶、嫩茎为原料制成，是具有"独特酵花香，汤色杏黄明亮，滋味醇和甘甜"的黄茶，以沩山毛尖和北港毛尖为代表。岳阳黄茶毛尖不同等级的鲜叶原料不一，特级、一级、二级、三级对应的鲜叶分别是单芽、一芽一叶初展、一芽一叶、一芽二叶。

表1.6　岳阳黄茶毛尖感官品质

级别	外形				内质			
	形状	整碎	色泽	净度	香气	汤色	滋味	叶底
特级	针形或雀舌形	匀齐	金黄光亮	净	鲜嫩酵蜜香	嫩黄明亮	甜醇	肥嫩黄亮
一级	紧细	匀齐	金黄光亮	净	酵嫩香	杏黄明亮	甜爽	柔嫩黄亮
二级	紧实	匀整	金黄尚亮	净	酵香	杏黄明亮	醇和	嫩尚明亮
三级	紧实	匀整	金黄尚亮	净	酵香	杏黄明亮	醇和	嫩尚明亮

表1.7　岳阳黄茶毛尖理化指标

项目		指标			
		特级	一级	二级	三级
水分（质量分数）/%	≤	7.0			
总灰度（质量分数）/%	≤	7.0			
碎末茶（质量分数）/%	≤	2.0	3.0		6.0
水浸出物（质量分数）/%	≥	32.0			
水溶性灰分（质量分数）/%	≥	45.0			
水溶性灰分碱度（以KOH计）（质量分数）/%		≥1.0a；≤3.0a			
酸不溶性灰分（质量分数）/%	≤	1.0			
粗纤维（质量分数）/%	≤	16.5			
铅（以Pb计）/（mg/kg）	≤	5.0			

• 当以每100g磨碎样品的毫克分子表示水溶性灰分碱度时，其限量为：最小值17.8，最大值53.6。

①沩山毛尖

沩山毛尖产于湖南省长沙市宁乡县大沩山一带，为历史名茶。沩山毛尖干茶外形完整呈朵，形似兰花，叶缘微卷，略呈片状，色泽黄亮油润，在光线下呈透明状，白毫显露。内质松烟香气浓厚，滋味甜醇爽口，汤色橙黄明亮，叶底黄亮嫩匀。

②北港毛尖

北港毛尖产于岳阳市南湖和北港流域，古称"灉（yōng）湖茶"。北港毛尖外形条索紧结重实带卷曲状，白毫显露，色泽金黄，汤色杏黄明亮，香气清高，滋味醇厚，甘甜爽口。

图1.7 沩山毛尖
（图片来源：茶语网授权）

图1.8 "文革"期间
北港黄茶标贴

3. 岳阳黄茶压制茶

选用岳阳黄茶毛尖为原料，经过毛茶筛分、半成品拼配、蒸汽压制定型，或发花、干燥、成品包装等工艺加工而成的黄茶，分为岳阳紧压黄茶、岳阳紧压金花黄茶。岳阳黄茶压制茶不同等级的鲜叶原料不一，特级、一级、二级对应的鲜叶分别是一芽一叶初展为主、一芽一叶为主、一芽二叶为主。岳阳黄茶压制茶内无黑霉、白霉、青霉、黄曲霉等有害霉菌，岳阳紧压金花黄茶还要求冠突散囊菌（CUF/g）$\geqslant 20 \times 10^4$。

图1.9 岳阳黄茶砖

表1.8 岳阳黄茶压制茶感官品质

外形	内质
外形为砖形、饼形或条形，表面平整、紧实、光滑，色泽金毫显露，砖内无黑霉、白霉、青霉等霉菌	醇花香持久，汤色橙黄明亮，滋味浓醇，叶底嫩匀尚亮

表1.9 岳阳黄茶压制茶理化指标

项目		指标
水分（质量分数）/%	≤	9.0
总灰分（质量分数）/%	≤	7.0
茶梗（质量分数）/%	≤	3.0
水浸出物（质量分数）/%	≥	32.0
铅（以Pb计）/（mg/kg）	≤	5.0

（二）四川黄茶

四川黄茶仅有蒙顶黄芽。蒙顶黄芽是我国传统名茶之一，产于四川省雅安市名山县蒙顶山，是手工制成的中国黄茶类高档名茶。国家地理标志产品"蒙山茶"包含黄茶中的蒙顶黄芽，绿茶中的蒙顶甘露、蒙顶石花等品种。蒙顶黄芽外形扁直，芽条匀整，色泽嫩黄，芽毫显露，内质香气清纯，汤色黄亮透碧，滋味鲜醇回甘，叶底全芽嫩黄，为蒙山茶中的极品。

表1.10　蒙顶黄芽的感官品质

项目	外形				内质			
	条索	色泽	嫩度	净度	香气	汤色	滋味	叶底
蒙顶黄芽	扁平挺直	嫩黄油润	全芽披毫	净	甜香馥郁	浅杏绿明亮	鲜爽甘醇	黄亮鲜活

图1.10　蒙顶黄芽

（图片来源：茶语网授权）

（三）湖北黄茶

湖北黄茶目前仅有湖北远安县生产，故又称为远安黄茶，其中最有代表性的产品为远安鹿苑茶。远安鹿苑茶产于湖北远安县鹿苑寺一带，位于龙泉河中下游，河道逶迤，两岸傍山，茶园分布在山脚山腰一带。

传统手工鹿苑茶的品质特征历来表述为：外形条索紧结弯曲呈环状（俗称环子脚），略带鱼子泡，色泽金黄，白毫显露；汤色杏黄，明亮；香气熟栗香高，持久；滋味鲜醇回甘；叶底肥嫩匀齐明亮。现代加工的远安黄茶按鲜叶规格分为芽型（单芽或一芽一叶初展）、芽叶型（一芽一叶）和大叶型（芽叶混合）三类。芽型分为远安黄茶贡芽、远安黄茶特级两种，芽叶型分为远安黄茶一级、远安黄茶二级两种，大叶型为远安黄大茶。

图1.11　远安黄茶
（图片来源：茶语网授权）

表1.11 远安黄茶感官品质

种类	鲜叶规格	外形				内质			
		形状	色泽	整碎	净度	香气	滋味	汤色	叶底
远安黄茶贡芽	单芽	单芽，月牙形	杏黄	匀齐	净	清鲜	鲜醇	浅黄明亮	肥嫩黄亮
远安黄茶特级	一芽一叶初展	自然卷曲，带环子脚	谷黄	匀齐	净	清高	醇厚回甘	深黄明亮	柔嫩黄亮
远安黄茶一级	一芽一叶初展占90%以上	自然卷曲，带环子脚	谷黄	较匀齐	净	尚清高	醇厚	深黄较亮	较柔嫩黄亮
远安黄茶二级	一芽一叶	自然卷曲	较匀齐	净	谷黄	清高	较醇厚	深黄尚亮	褐黄明亮
远安黄大茶	芽叶混合	自然卷曲，疏松	黄褐油亮	尚匀	有叶梗	纯正	醇浓	深黄	褐黄

表1.12 远安黄茶理化指标

项目		贡芽	特级、一级、二级	黄大茶
水分（质量分数）/%	≤		7.0	
总灰分（质量分数）/%	≤		7.0	
碎末茶（质量分数）/%	≤	2.0	3.0	6.0
水浸出物（质量分数）/%	≥		32.0	
粗纤维（质量分数）/%	≤		16.5	
茶多酚（质量分数）/%	≥		20.0	18.0
咖啡碱（质量分数）/%			4.0	3.5
游离氨基酸总量（质量分数）/%	≥		2.0	1.8

（四）安徽黄茶

安徽黄茶主要产于安徽省六安市的霍山县和金寨县及毗邻的岳西县一带，这些产区属于安徽的西部，故也称为皖西黄茶。皖西黄茶有芽型、芽叶型和多叶型三种，主要有霍山黄茶、金寨黄茶，代表性的产品有霍山黄芽、霍山黄大茶。

表1.13　皖西黄茶的鲜叶质量标准

类别	质量要求
黄芽茶	单芽至一芽一叶初展，芽叶匀齐肥壮
黄小茶	一芽一叶至一芽二叶，芽叶完整
黄大茶	一芽三叶至多叶，不带病叶、杂质

1. 霍山黄芽

霍山黄芽主产于霍山县金竹坪、金鸡山、金家湾、乌米尖等海拔600米以上山区。霍山黄芽外形条直微展、匀齐成朵、形似雀舌、嫩绿披毫，香气清香持久，滋味鲜醇浓厚回甘，汤色黄绿清澈明亮，叶底嫩黄明亮。霍山黄芽产品分为特一级（产地为金鸡山、乌米尖、金竹坪特定区域）、特二级、一级、二级和三级。

表1.14　霍山黄芽的鲜叶等级

等级	鲜叶组成
特一级	一芽一叶初展≥90%
特二级	一芽一叶初展≥70%
一级	一芽一叶初展≥60%，一芽二叶初展≤40%
二级	一芽二叶初展≥50%，一芽二叶初展≤50%
三级	一芽二叶初展≥40%，一芽三叶初展≤60%

表1.15　霍山黄芽的感官品质

等级	外形	色泽	香气	滋味	汤色	叶底
特一级	雀舌匀齐	嫩绿微黄披毫	清香持久	鲜爽回甘	嫩绿鲜亮	嫩黄绿鲜明
特二级	雀舌	嫩绿微黄显毫	清香持久	鲜爽回甘	嫩绿明亮	嫩黄绿明亮
一级	形直尚匀齐	微黄白毫尚显	清香尚持久	醇尚甘	黄绿清明	绿微黄明亮

续表

等级	外形	色泽	香气	滋味	汤色	叶底
二级	形直微展	色绿微黄有毫	清香	尚鲜醇	黄绿尚明	黄绿尚匀
三级	尚直微展	色绿微黄	有清香	醇和	黄绿	黄绿

表1.16　霍山黄芽的理化指标

项目	单位	指标
水浸出物	%	≥38.0
粗纤维	%	≤14.0
水分	%	≤6.5
总灰分	%	≤6.5
碎末茶	%	≤4.0

图1.12　霍山黄芽
（图片来源：茶语网授权）

图1.13　霍山黄芽获地理标志保护产品（左）
霍山黄芽制作工艺列入省级非物质文化遗产（右）

3.霍山黄大茶

皖西黄大茶产于安徽霍山、金寨、大安、岳西等地，最有代表性的为霍山黄大茶。霍山黄大茶的产区过去包括霍山县大化坪、漫水河与金寨县燕子河一带，2015年获批国家地理标志产品保护后，产区限定为安徽省霍山县现辖行政区域。霍山黄大茶的产品外形梗壮叶肥，叶片成条，梗叶相连似钓鱼钩，梗叶金黄显褐，色泽油润；汤色深黄显褐，具有类似锅巴的高爽焦香，滋味浓厚醇和，叶底黄中显褐。当地茶农称霍山黄大茶为"古铜色，高火香，叶大能包盐，梗长能撑船"。

表1.17　霍山黄大茶的理化指标

项目	单位	指标
水浸出物	%	≥32.0
粗纤维	%	≤16.5
水分	%	≤6.0
总灰分	%	≤7.0
碎末茶	%	≤6.0

（五）浙江黄茶

浙江黄茶主要产自湖州的德清县和温州的平阳县，主要有德清县的莫干黄芽和平阳县的平阳黄汤。

图1.14　霍山黄大茶

（图片来源：茶语网授权）

1. 平阳黄汤

　　平阳黄汤属于黄小茶，主要产于浙江省温州市平阳县，历史上其周边的泰顺、瑞安等县亦有生产，故过去曾被称为温州黄汤。泰顺县个别企业少量生产的黄茶，称为泰顺黄汤。平阳黄汤以"干茶显黄、汤色杏黄、叶底嫩黄、嫩玉米香"三黄一香而著称，其外形细紧纤秀，色泽黄绿显毫，香气清高幽远，汤色杏黄明亮，滋味甘醇爽口，叶底嫩黄成朵匀齐。

　　近年来，平阳黄汤在保持传统黄小茶特色的基础上，根据市场需要，还不断开发了黄芽茶、黄汤饼（紧压茶）等新产品。同时在适制品种上，独辟蹊径开发了黄金叶（品种黄茶）平阳黄汤，"三黄"特征更加明显，滋味更加鲜醇，深受市场欢迎，丰富了产品线，拓展了黄茶的发展空间。

图1.15　平阳黄汤

（图片来源：茶语网授权）

2. 莫干黄芽

　　莫干黄芽产于浙江省德清县西部莫干山区，故而得名莫干黄芽。莫干黄芽外形

图1.16　莫干黄芽
（图片来源：茶语网授权）

肥壮、嫩黄显毫；汤色嫩黄清澈；香气清甜；滋味甘醇鲜爽；叶底嫩黄成朵、明亮。

（六）广东黄茶

　　广东大叶青在历史上是广东黄茶唯一的代表，其产地为广东省韶关、肇庆、湛江等县市，是黄大茶的代表品种之一。广东大叶青具有叶大、梗长、黄叶黄汤，香气带有浓烈的老火香（俗称锅巴香）等品质特点。很长时间广东大叶青基本停产，近些年广东除开始恢复生产广东大叶青外，还有芽型、芽叶型等多种黄茶产品。恢

图 1.17　广东大叶青

复生产的广东大叶青的品质特点是外形条索肥壮、紧结、重实，老嫩均匀，芽叶完整，显毫，色泽青润显黄（或青褐色），香气纯正，滋味浓醇回甘，汤色深黄明亮（橙黄），叶底淡黄，芽叶完整。

（七）其他新兴黄茶

1. 贵州黄茶

贵州省在历史上曾经生产过黄茶产品海马宫茶，但在很长历史中不再有生产。受黄茶快速发展的影响，近些年贵州省开始恢复海马宫茶的加工生产。海马宫茶具有条索紧结卷曲，茸毛显露，香高味醇，回味甘甜，汤色黄绿明亮，叶底嫩黄匀整明亮的特点。

2. 山东黄茶

山东是黄茶主销区之一，全省有 30 多个县饮用黄茶，特别是沂蒙山区，不仅将黄茶作为生活必需品，而且饮得多且浓，"家家有壶，人人爱茶"的现象普遍，黄茶需求量大。当前山东黄茶主要产于山东省临沂一带，故又称为沂蒙黄茶，但近几年烟台黄茶、崂山黄茶等陆续生产。烟台黄茶具有外形细紧匀整，芽头肥壮显毫，色泽嫩黄，冲泡后玉米香明显，滋味鲜醇，叶底黄亮柔软的品质特征。沂蒙黄茶具有"茶汤纯黄、汤色透明鲜亮、滋味醇厚甜爽、耐冲泡、高火香"的品质特征。沂蒙黄茶按照叶型大小分为沂蒙黄芽茶、沂蒙黄小茶和沂蒙黄大茶，分别以单芽或一芽一叶初展、一芽一叶或一芽一叶初展、一芽二叶至一芽四、五叶和同等嫩度的对夹叶为原料采用沂蒙黄茶加工工艺制成的茶。

表1.18 沂蒙黄茶的感官指标

级别	外形				内质			
	形状	整碎	净度	色泽	香气	滋味	汤色	叶底
沂蒙黄芽茶	针形或雀舌形	匀齐	净	杏黄	清鲜	甘甜醇和	嫩黄明亮	肥嫩黄亮、匀整
沂蒙黄小茶	自然形或条形、扁形	较匀齐	净	浅黄	清高	醇厚回甘	黄明亮	柔嫩黄亮、软匀整
沂蒙黄大茶	叶大多梗卷曲略松	尚匀	有梗片	褐黄	火香	浓厚醇和	深黄明亮	尚软、黄尚亮

3.江西黄茶

江西省已开始有黄茶产品出现,当前主要是宜丰黄茶。宜丰黄茶即江西省宜丰县开发生产的盈科泉黄茶,依据鲜叶规格可分为盈科泉黄芽、盈科泉黄小茶、盈科泉黄大茶三种。盈科泉黄茶的外形完整、卷曲,干色微黄;汤色绿黄明亮,香气栗香高锐;滋味鲜爽、回甘,叶底绿黄、明亮。

图1.18 盈科泉黄芽茶

图 1.19 盈科泉黄小茶

图 1.20 盈科泉黄大茶

4. 广西黄茶

近些年广西利用桂热系列品种、凌云白毫等品种的鲜叶，研发出具有花香的黄茶。桂热黄茶的外形卷曲，披茸毫，干色杏黄明显；汤色黄亮，香气甘甜花香；滋味甘醇，叶底绿、明亮。凌云白毫茶制成的黄茶，芽壮叶肥，紧实挺直，汤色黄绿清澈明亮，有板栗香气，滋味浓郁香醇。

第二篇
茶之源

　　黄茶茶类的出现，经历了由呈天然黄色的茶树叶片加工而成的古代黄茶，到出现闷黄工艺而形成干茶黄、汤色黄、叶底黄的现代黄茶。了解黄茶的发展起源，从中可以了解到茶叶加工技术的进化，还可以了解到中国茶人的智慧，更可以从中看到中国社会发展的缩影。

　　黄茶是我国特有的茶类，其加工过程中独特的"闷黄"工艺造就了"黄汤黄叶、滋味醇和"的品质特征。因此能归属于黄茶，需同时满足两个条件：一是制作过程中有闷黄作业；二是有"黄汤黄叶"的品质特征，干茶黄、汤色黄、叶底也黄（称"三黄"）。

一、黄茶的起源

　　古代的黄茶有两种：一种是采摘自然发黄的茶树芽叶加工而成的茶，如唐朝时颇负盛名的安徽"寿州黄芽"；这类黄茶为品种黄茶，即茶树的芽叶自然发黄，最早起源于公元7世纪。另一种则是在加工过程中特意闷黄的茶，这类黄茶为工艺黄茶，约在公元1570年前后形成。工艺黄茶才是我们现在六大茶类中的黄茶。

　　历史资料记载，工艺黄茶起源于绿茶，由绿茶演变而来。黄茶的产生有着许多偶然因素，从古人的记载中可以看出人们认识、创制黄茶的过程。宋代黄儒在其《品茶要录》中写道："造于积雨者，其色昏黄。"雨水叶因其含水量较多，如果干燥不及时，可能引起黄变，成为"黄色的茶"。公元1630年，明代闻龙在《茶笺》中记述："须一人从旁扇之，以祛热气，否则色黄，香味俱减。扇者色翠，不扇色黄。"采用"松萝法"炒绿茶时，如果不扇，绿茶在加工过程中则产生黄变现象。明代许次纾在《茶疏》中描述："天下名山，必产灵草。江南地暖，故独宜茶，大江之北，则称六安。然六安乃其郡名，其实产霍山之大蜀山也。顾彼山中不善制造，就食铛大薪炒焙，未及出釜，业已焦枯。兼以竹造巨笥，乘热便贮，虽有绿枝紫笋，辄就萎黄，仅供下食，奚堪品斗。"绿茶加工完成之后，若未将其摊凉就趁热贮藏，会出现"萎黄"现象。书中还有记载："日用顿置。日用所需，贮小罂中，箬包苎扎，亦勿见风。宜即置之案头……不过一夕，黄矣变矣。"绿茶在不当条件下储存，一天就可能变成"黄茶"。以上这些记载的"黄变"之茶是绿茶加工或贮藏不当的结果，却也许就是现代黄茶的雏形，为之后工艺黄茶的探索研究提供了思路。因为随着人们不断认识与实践，发现黄变的"绿茶"滋味比较独特。在《品茶要录》中就有记载："茶芽方蒸，以气为候，视之不可以不谨也。试时色黄而粟纹大者，过熟之病也。然虽过熟，愈于不熟，甘香之味胜也。故君谟论色，则以青白胜黄白；余论味，则以黄白胜青白。"黄儒认为黄色的茶滋味比青色的茶更好。经过人们进一步探索、发展，形成了"闷黄"工艺，形成具有现代意义的工艺黄茶。采用"闷黄"技术后，与炒青茶相比苦涩味减轻，茶叶滋味更醇和更易保存。

二、四川黄茶的起源

蒙顶黄芽出现的具体起始年代和加工工艺技术，从现在已有的文献中没有详细的记载，只有对品名的记录。黄芽之名最早见于五代时期蜀臣毛文锡的《茶谱》："又有片甲者，即是早春黄芽"，"茶有火前、火后、嫩叶、黄芽"；《唐本草》（成书 659年）中记载："唐人尚茶众家，有雅州之蒙顶石花、露芽、谷芽为第一。"有学者考证，这里所记述的"谷芽"即是现在的"黄芽"。唐代的《元和郡县图志》载："蒙山在县南十里，今每岁贡茶，为蜀之最。"蒙山茶有石花、露芽、万春银叶、玉叶长春等，其

蒙顶山大门

蒙顶山皇茶园

图2.1　蒙顶山

图2.2　蒙顶山甘露泉

中名望最高是石花，初以饼茶形式入贡。明清时期发展出"闷黄"工艺，开始形成具现代意义的工艺黄茶。据李家光、杨天炯等茶学专家考证，蒙顶黄芽是在蒙顶石花的制作工艺基础上发展起来的一款名茶，蒙顶山茶创制顺序为：蒙顶石花→蒙顶黄芽→玉叶长春→万春银叶→蒙顶甘露。

三、湖南黄茶的起源

湖南黄茶主要有君山银针、北港毛尖和沩山毛尖，现对其历史起源逐一进行介绍。

（一）君山银针茶的起源

君山银针始于唐代，清朝时被列为"贡茶"。同治《湖南省志》载："巴陵君山产茶，嫩绿似莲心，岁以充贡。"光绪《巴陵县志》载："君山贡茶，自国朝乾隆四十六年（1781）始，每岁贡十八斤。谷雨前，知县遣人监山僧采制一旗一枪，白毛茸然，俗呼白毛尖。"又据《湖南省新通志》记载："君山茶色味似龙井，叶微宽而绿过之。"古人形容此茶如"白银盘里一青螺"。清代，君山茶分为"尖茶"和"茸茶"两种。"尖茶"如茶剑，白毛茸然，纳为贡茶，素称"贡尖"。

图2.3　岳阳楼

图2.4　岳阳洞庭湖

图2.5　清光绪《巴陵县志》
记载君山茶

（二）北港毛尖茶的起源

北港毛尖为历史名茶，产于湖南省岳阳市北港濒湖一带，在唐代已非常出名，当时称为"濒湖茶"，在诸多文献中均有记载。唐代斐济在《茶述》中列出了十种贡茶，其中就有濒湖茶。唐代李肇在《国史补》有"岳州有濒湖之含膏"的记载。宋代范致明《岳阳风土记》载："濒湖诸山旧出茶，谓之濒湖茶，李肇所谓岳州濒湖之含膏也，唐人极重。见于篇什，今人不甚种植，惟白鹤僧园有千余本，土地颇类北苑。所出茶，一岁不过一二十两，土人谓之白鹤茶，味极甘香，非他处草茶可比，茶园地色亦相类，但土人不甚植尔。"同治《巴陵县志》载："邑茶盛称于唐，始贡于五代马殷，旧传产濒湖诸山，今则推君山矣。然君山所产无多，正贡之外，山僧所货贡余茶，间以北港茶掺

图2.6　南湖（古称灘湖）

图2.7　宋代《岳阳风土记》
记载灘湖茶

之。北港地皆平冈，出茶颇多，味甘香，亦胜他处。"灘湖茶"因注册商标时改为"北港"，称为北港毛尖。灘湖茶在唐代叫"灘湖含膏"，宋代称"黄翎毛"，清代已演变为君山银针和北港毛尖，因此被认为是岳阳黄茶的源头。

（三）沩山毛尖茶的起源

沩山毛尖自唐代就著称于世，清代时被列为贡茶。清同治年间《宁乡县志》记载："沩山、六渡庵、逻仙峰等皆产茶，唯沩山茶称为上品。"1941年的《民国宁乡县志》记载："沩山茶，雨前采摘，香嫩清醇，不让武夷、龙井，商品销甘肃、新疆等省，久获厚利，密印寺院内数株味尤佳。"

四、湖北黄茶的起源

远安鹿苑茶产于湖北省远安县鹿苑寺，迄今已有780多年历史。鹿苑茶历史悠久，南宋宝庆年间（1225-1227年）就有关于鹿苑茶的记载。据古碑记载，清代高僧金田来到鹿苑寺巡寺讲法，称鹿苑茶为"绝品"。据《远安县志》记载："沿凤山麓三四里，曰董家畈、马家畈、崔氏山庄，皆产茶"，"茶以鹿苑为最"。据《中国茶经》和《中国名茶志》记载，鹿苑茶曾是清朝皇宫的贡茶。乾隆年间鹿苑茶被选为贡茶，乾隆皇帝封其御名为"好酽茶"。

图2.8　鹿苑寺大门

图2.9　鹿苑寺石刻

五、安徽黄茶的起源

安徽黄茶主要产自霍山，既有芽型黄茶（霍山黄芽），又有芽叶型黄茶（黄小茶）和多叶型黄茶（皖西黄大茶）。陈椽教授曾说："霍山自古多产黄茶，有金枝玉叶的黄大茶，还有金芽黄叶的黄芽茶。"这里主要介

图2.10　鹿苑茶被评为全国名茶证书

绍著名的霍山黄芽和霍山黄大茶的历史起源。

（一）霍山黄芽

霍山黄芽是安徽六安市霍山县四大名茶之一，有据可考的历史已有2000多年。霍山黄芽兴于唐，盛于宋。唐朝李肇《唐国史补》记载："风俗贵茶，茶之名品亦众……寿州有霍山黄芽。""霍山黄芽"是中国黄茶类的主要代表产品，在明代被列为贡品。明代李时珍《本草纲目》记载："楚之茶……寿州霍山之黄芽。"其中所记"寿州黄芽"就是沿用唐之前的"寿州黄芽"，"蕲门""团黄"与"寿州黄芽"属于同一产地的茶品。霍山以前名为盛唐县属寿州，后改霍山，划归六安，因此当时的寿州黄芽其实就是产自霍山，现在一般称为"霍山黄芽"。据清光绪《霍山县志》记载："霍山黄芽之名已肇于西汉"，史载"寿春之山有黄芽焉，可煮而饮，久服得仙"。

（二）霍山黄大茶

霍山黄大茶自明朝就已有记载，至今已有400多年的历史。在唐代，霍山主要生产芽茶（霍山黄芽）和团茶（或饼茶）俗称"小凤团"。到了宋代，随着技术的发展，制茶工艺有了很大改进，茶产品也发生了变化，逐渐改制散茶。明朝时期，朱元璋下令取消团茶，全部改为散茶，霍山黄大茶随着散茶的发展而逐渐形成，并独具特色。明代许次纾的《茶疏》中记述："天下名山，必产灵草。江南地暖，故独宜茶。大江以北则称六安。然六安乃其郡名，其实产霍山县之大蜀山也。茶生最多，名品亦振，河南山陕人皆用之。南方谓其能消垢腻、去积滞亦甚宝爱。顾彼山中不善制法，就于食铛火薪焙炒，未及出釜业已焦枯，讵堪用哉。兼以竹造巨笱乘热便贮，虽有绿枝紫笋辄就萎黄，仅供下食，奚堪品斗。"这可以说是霍山黄大茶的前身，其中的制茶工艺和现在的黄大茶制法基本相符。明清时期，黄大茶发展到鼎盛。

六、浙江黄茶的起源

（一）平阳黄汤

平阳黄汤创制于清代，乾隆年间被奉为贡品，距今已有200多年的历史。《唐书·食货志》中记载："浙产茶十州五十五县，有永嘉、安固、横阳、乐城四县名。"横阳，即现在的平阳。当时虽然没有"黄汤"之名，但平阳黄汤的加工工艺已经初具雏形。据万秀锋等在《清代贡茶研究》记述：浙江的贡茶中，数量最大的不是龙井茶，而是黄茶。黄茶是作为清宫烹制奶茶的主要原料。如乾隆三十六年（1771）巡行热河时，茶库给乾隆御备的六安茶六袋、黄茶二百包、散茶五十斤。黄茶是浙江地方官督办的贡茶，每年要向宫廷进贡数百斤。当时浙江除了温州市平阳县及周边之外，没有其他地方生产黄茶，因此其中所记载的浙江进贡的黄茶，应该就是平阳黄汤。

（二）莫干黄芽

据记载，晋代佛教盛行时，就曾有僧侣上莫干结庵种茶。清朝乾隆《武康县志》记载："莫干山有野茶、山茶、地茶，有雨前茶、梅尖，有头茶、二茶，出西北山者为贵。"西北山就是莫干山主峰塔山。清康熙唐靖《前溪逸志》中对莫干山茶的生长、采摘、制作、品类、包装以及时人的评价等都作了详尽的记述，还描述了四月新茶采摘季节，男女老幼一起上山，夜间篝火彻曙通宵产茶的生动情景。当时将清明前后所采称"芽茶"，夏初所采称"梅尖"，七、八月所采称"秋白"，十月所采称"小春"。《武康县志》记载："茶产塔山者尤佳，寺僧种植其上，茶吸云雾，其芳烈十倍。"在《中国名茶》中，"莫干黄芽"被列为第十二种，品质优异。

七、其他黄茶的起源

（一）广东大叶青

有资料记载，广东大叶青起源于清朝年间，主要产于广东省韶关、肇庆、湛江等县市。但民国以后产量逐渐减少，广东大叶青加工技术也失传，市场上也极少见到广东大叶青茶产品。近些年来，广东省各地茶叶企业开始恢复广东大叶青加工工艺，并在传统加工工艺基础上，创新广东现代黄茶加工工艺，开发和生产各种黄茶新产品。

（二）海马宫茶

海马宫茶创制于清朝乾隆年间，但也有资料记载海马宫茶始于明代。据《大定县志》记载："茶叶之佳以海马宫为最，果瓦次之，初泡时其味尚涩，迨泡经两三次其味转香，故远近争购啧啧不置。"

第三篇
茶之况

　　黄茶的生产销售情况可以反映黄茶的发展情况。通过对全国和不同省份的黄茶产量与产值数据统计，可以知道全国有哪些省份生产黄茶较多。了解黄茶的销量和销售额，可以了解黄茶的消费市场。

一、黄茶的发展

黄茶自明朝时期产生后，历代都有生产。作为我国主要茶类之一，在内、外销茶叶市场占有十分重要的地位。与其他茶类相比，黄茶产生的时间相对较晚，最初占有的市场份额较小，经过很长一段时间，通过易货贸易、茶马交易才慢慢地在国内外有了一定市场，成为我国与相临内陆国家交易不可或缺的农产品之一。

清朝是黄茶发展的巅峰时期，黄茶制作工艺广泛传播，黄茶制作技术趋于成熟，但并不与绿茶明确区分。这段时期，黄茶品种纷纷出现，如：温州黄汤、贵州海马宫茶、广东大叶青、莫干黄芽、君山银针、远安鹿苑等。十八、十九世纪，蒙古人甚至将黄茶作为了实物货币，将他们称作的黄茶茶砖分成 60 份，每一份的价值被称为"一黄茶"。"半茶"则是茶砖的一半，也就是等于 30 个"黄茶"。当然人们只是用茶砖作为保证金，茶砖本身并不被如此分割。蒙古的主要商品也是用茶叶来标价的。1870 年，在靠近今乌兰巴托市中心土拉饭店的库伦老市场，一头羊的前半身值两个半到四个黄茶。后半身则值四到六个黄茶。1870 年，一磅牛肉值两个到三个半黄茶，合当时四到五个戈比。一头活羊值 10 到 16 个黄茶，一头活牛则值 30 到 50 个黄茶。

民国时期，其间因战乱与经济等多方面因素，黄茶生产曾停顿。后经王泽农先生等新中国茶人挖掘挽救恢复工艺与生产，形成君山银针、蒙顶黄芽、霍山黄芽等黄小茶，主销山东、山西的霍山黄大茶，奠定了我国黄茶类的基本品系与产销布局。

新中国成立后，黄茶产销规模逐年扩大。霍山黄芽除销安徽以外，上海、江苏、山东等省、市也有了一定销量。湖南、四川、浙江、湖北等省近几年生产的传统黄茶也逐渐为国内消费市场所接受，除产地销售外，山西、陕西、山东等省均成为了主销区。蒙顶黄芽行销于四川及华北各大城市。莫干黄芽、平阳黄汤主销北京、天津等地。君山银针更是蜚声中外，自 1956 年参加德国来比锡国际博览会获金奖后，形成了较大的出口规模，沩山毛尖深得新疆、甘肃等地少数民族兄弟喜爱，被视为珍贵礼茶。

图3.1 上世纪六十年代知青采摘君山茶

二、黄茶的现状

（一）黄茶产销现状

近年来，随着国内社会购买力水平和消费认知水平的同步提升，消费者需求多样化的趋势日益显著，安全健康意识不断增强，茶叶消费量持续扩大，各茶类轮番发力，黄茶产业规模顺势复苏并呈壮大态势，迸发出勃勃生机。特别是自2014年起，各黄茶主产区地方政府开始重视黄茶产业发展，扶持力度不断加强，使黄茶产品品质整体水平不断提高，工艺标准不断完善，宣传推介力度不断加大，品牌影响不断加强，黄茶市场开始逐步升温。但总体来看，目前全国黄茶的消费需求处于稳定提升期，产业发展刚刚进入良性上升期。

从产量方面看，2019年全国黄茶总产量9700吨，占全国茶叶总产量的0.35%。同比前一年，2019年全国黄茶产量增长了1249吨，增幅14.78%。自2014年至2019年的六年间，中国黄茶产量增长了6591吨，增幅达212%。2018年，各省黄茶产量分别为湖南省5100吨、安徽省3200吨、浙江省70吨、湖北省40吨、四川省30吨、广东省11吨。按标准分类看，2018年黄芽茶产量约为1014吨，约占黄茶总产量的12%；黄小茶产量约为4310吨，约占黄茶总产量的51%；黄大茶产量约为3127吨，约占黄茶总产量的37%。

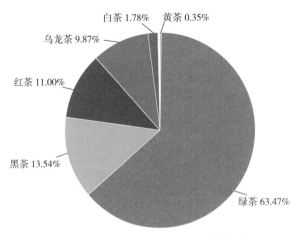

图3.2　2019年黄茶产量在六大茶类中的占比

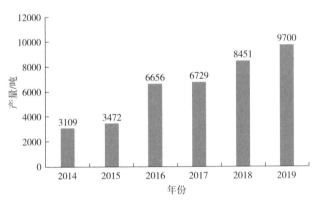

图3.3　2014-2019年中国黄茶总产量

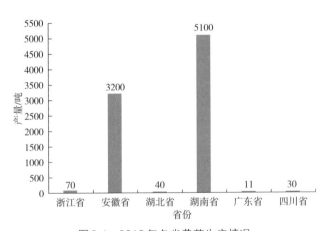

图3.4　2018年各省黄茶生产情况

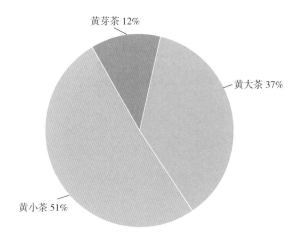

图3.5　2018年各种类黄茶产量占比

　　从产值方面看，2018 年全国黄茶干毛茶总产值为 10.0 亿元，占全国干毛茶总产值的 0.46%。2019 年全国黄茶干毛茶产值约为 14.07 亿元，同比增长 40.7%。自 2014 年至 2019 年的六年间，中国黄茶干毛茶总产值增加了 11.17 亿元，增幅达到 385%。从产区来看，2018 年湖南省黄茶产值突破 4.55 亿元、安徽 3.9 亿元、浙江 0.61 亿元、广东 0.34 亿元、四川 0.31 亿元、湖北 0.3 亿元，分别占 2018 年黄茶总产值的 45.46%、38.97%、6.09%、3.40%、3.09%、2.99%。

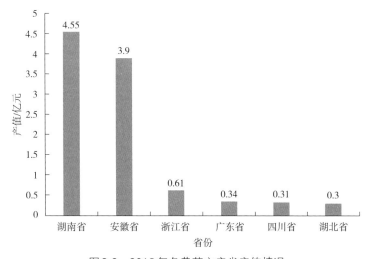

图3.6　2018年各黄茶主产省产值情况

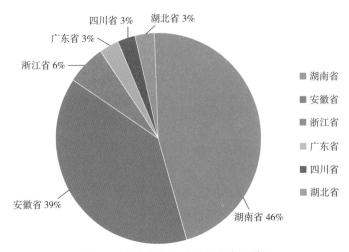

图3.7　2018年各主产省产值占比情况

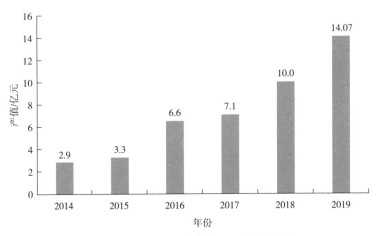

图3.8　2014-2019年黄茶干毛茶产值情况

从销售方面看，消费端的旺盛需求促进了黄茶生产的稳步提升。目前，黄茶生产大部分是按需定制，产销基本持平，以内销为主，外销仅占约3%。2018年，全国黄茶精制茶内销量约为5890.5吨，占全国茶叶内销总量的0.30%；其中，浙江47吨，占比0.79%；安徽2233吨，占比37.90%；湖北29吨，占比0.49%；湖南3551吨，占比60.28%；广东6吨，占比0.10%；四川24.5吨，占比0.41%。2018年黄茶内销总额为11.96亿元人民币，占全茶类内销总额的0.45%。从地区分布看，浙江黄茶销售额954万元，占比0.79%；安徽黄茶45350万元，占比37.93%；湖北黄茶589万元，占比 0.41%；湖南黄茶 72085 万元，占比 60.19%；广东黄茶 122 万元，占比 0.08%；四川黄茶 497 万元，占比 0.60%。黄茶内销市场均价为 203 元 / 公斤，高于全茶类均价（139.3 元 / 公斤）。各产区、品类的黄茶价格呈现出很大的差距。据调查，君山银针、蒙顶黄芽、平阳黄汤、莫干黄芽等黄茶产品价格普遍在每公斤千元以上，而霍山黄芽销售均价仅为 120 元 / 公斤左右。黄大茶因原料偏老，市场均价在 60-80 元 / 公斤左右。2019 年，全国黄茶内销量为 8300 吨，占全国茶叶总销量的 0.41%，销售额达 9.98 亿元，占全国茶叶国内销售总额的 0.40%。目前，黄茶的销售仍以批发市场和茶叶专营店等传统渠道为主，线上线下融合销售才刚刚起步。

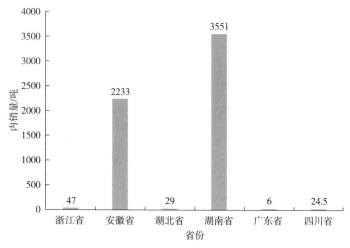

图3.9　2018年各主产省黄茶内销量

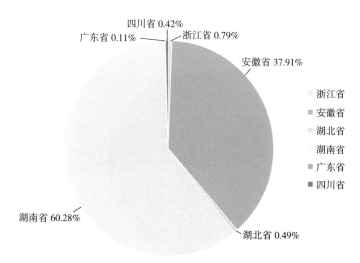

图3.10　2018年各主产省内销量占比情况

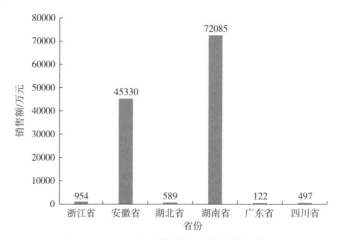

图3.11 2018年各黄茶主产省销售额情况

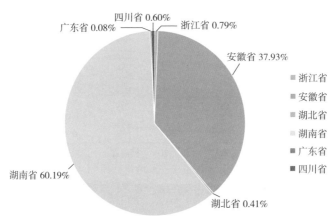

图3.12 2018年各黄茶主产省销售额占比情况

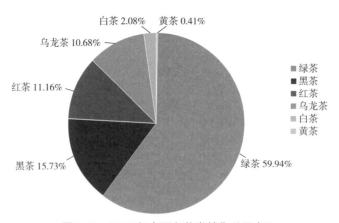

图3.13 2019年中国各茶类销售总量占比

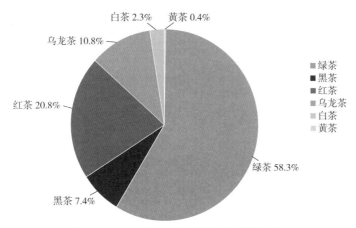

图3.14　2019年中国各茶类国内销售额占比

（二）黄茶产业状况

近年来，各黄茶主产区政府进一步加大政策扶持力度，培育黄茶品牌，促进了黄茶产业的快速发展。例如，岳阳君山茶业于2013年10月投资建成"君山银针黄茶产业园"，项目总投资1.58亿元，园区占地110.7亩，是我国目前最大的集产、学、研、茶文化传播与旅游于一体的黄茶文化产业园，打造环洞庭湖黄茶产业带，做大做强岳阳黄茶产业。依托君山银针黄茶产业园，岳阳市设立了一年一度的"中国（岳阳）黄茶文化节"，通过举办万人品茶活动、高峰论坛、拍卖会、编辑出版物、拍摄黄茶电视宣传片等系列特色活动，加强黄茶宣传推广力度，推介与普及黄茶知识；湖南岳阳、安徽霍山、四川雅安三地政府还成立了中国黄茶产业联盟，产业联盟将实施标准化战略，提质增效拓市场；依托产地政府，实施名牌战略，以名茶带动旅游，组织与协调中国黄茶产业发展，把中国黄茶推向世界；2016年3月，全国茶叶标准化技术委员会黄茶工作组在安徽合肥成立，对黄茶标准的修订、贯彻实施和宣传推广起到了积极作用；2019年3月，中国茶叶流通协会黄茶专业委员会在四川雅安成立并发表了《中国黄茶蒙顶山宣言》，专委会将积极发挥行业资源优势，通过组织黄茶产业发展政策研究，推动黄茶生产的标准化、产业化进程，强化黄茶从业人员的职业技能培训，规范黄茶的销售市场，普及黄茶的商品知识和文化知识，加强国内国际间的交流和联系，推动黄茶事业的健康发展。

黄茶的科学研究和科技开发水平不断深入和提高，有效助推产业发展。湖南省

图3.15　中国黄茶高峰论坛及黄茶产业园启动仪式

君山银针茶叶有限公司与中华全国供销合作总社杭州茶叶研究院等单位在岳阳共同成立了"中国黄茶研究所",以科技支撑,全面改进以君山银针为代表的黄茶加工技艺及保健功能,开发符合市场需求的新产品,共同制定我国黄茶质量标准;湖南农业大学与湖南省茶叶研究所也成立了黄茶生产技术课题攻关小组,进行深度开发研究,以科学健康饮茶的理念为引导,不断加强黄茶消费的宣传力度。如,湖南农业大学研发了基于"数字水印－二维码标签"的黄茶追溯系统,此体系采用了 RFID、二维码、数字水印、EAN-UAA 等技术,将促进黄茶质量安全和品质的保障和监管;湖南农业大学刘仲华教授团队用一系列科学研究证实了黄茶有养胃、润肺和降糖三大保健功效,并开发出"金花黄茶"等新产品;岳阳黄茶历史名茶金镶玉、白鹤翎、老君眉现已恢复生产,黄茶新产品陆续研制成功,如君山皇袍、王袍、黄袍等茶品面市,部分龙头企业还在传统松散型黄茶的基础上研发出了以君山黄金饼、黄金砖为代表的紧压型黄茶;湖南洞庭山科技发展有限公司研制了玫瑰香型、姜香型、荷香型等花草保健黄茶;安徽绿力生态产品有限公司独创"霍山黄芽优质、自动化制作工艺研发与应用"科研项目荣获"安徽省科学技术研究成果"称号,2012 年该示范推广项目通过科技部认证成为国家级"星火计划"项目;四川蒙顶山跃华茶业与四川农业大学合作成立了雅安跃华黄茶研究所致力于蒙顶山茶加工及品质提高的研究,其中"蒙顶山黄芽工艺化'闷黄'技术"以及"蒙顶山黄茶生产方法"获得专利授权证书；霍山县政府与安徽农业大学开展政产学研合作，共建安徽农业大学中国黄茶研究所和安徽农业大学霍山县茶产业联盟，共同促进黄茶产业的发展。科技的研发、成果的运用对黄茶品质的稳定与提高具有重要的支撑作用，同时以科学健康饮茶的理念为引导，黄茶消费的宣传力度也将不断加强，消费认知必将得到前所未有的提高。

在品牌建设方面，目前，全国黄茶区域公共品牌建设以岳阳黄茶、平阳黄茶、霍山黄茶、蒙顶黄茶、莫干黄茶等为主，平阳黄汤、君山银针、蒙顶黄芽、抱儿钟秀等企业品牌建设在逐步推进。2018年，岳阳黄茶获评"湖南省十大名茶"，并被中央级媒体多次报道推广，迈出了"走出区域、迈出全国"的步伐；蒙顶黄茶大力增强品牌打造和品牌管理能力，严格执行行业质量、价格标准，最终形成蒙顶山黄茶产业旗舰标杆；远安县极力打造"远安黄茶"区域核心品牌，通过加大宣传和规范公共品牌管理，有序推动引导区域品牌优化整合；霍山坚持走"母品牌＋子品牌"共同发展之路，每年举办宣传推介、茶文化节、黄茶开茶节等重要茶事活动，目前该县已拥有中国驰名商标、地理标志证明商标等品牌荣誉。

三、黄茶的困境

随着黄茶产业的不断发展壮大，产业发展中存在的一系列问题也逐步凸显。一是加工工艺复杂，机械化、清洁化程度低。黄茶的核心加工工艺是闷黄，但闷黄的程度很难把握，导致黄茶品质不稳定，生产效率低下。黄茶加工中普遍存在闷黄不足的问题，甚至某些厂商以绿茶制法加以重焙火或绿茶陈茶复火炒制方式来谋求达到黄茶的外观特点，难以达到黄茶的品质要求。某些厂商为谋求生存实施"黄改绿"，一度造成黄茶工艺丢失、品质失控的状况。二是品质特征不明确，个性不突出，标准化体系有待完善。黄茶与绿茶相比，工艺上多一道闷黄工序，产品看起来有点像绿茶，但又和绿茶不完全一样，黄茶是经过了氧化而成的，但氧化程度比较轻，似黄非黄，似绿非绿，导致消费者难以明白绿茶与黄茶的区别，加上消费者现在一味追求绿色，把黄茶误认为是保存不好，甚至是存放时间过长的绿茶，存在市场认知讹误。市场上的黄茶产品较少采用传统的闷黄工艺，导致其品质特点与绿茶无异，错误地引导了消费者的认知。此外，与普洱茶、白茶等茶类相比，黄茶的市场宣传和推广力度还远远不够。

四、黄茶的优势

（一）黄茶的历史悠久，文化内涵丰富

君山银针、霍山黄芽、蒙顶黄芽等黄茶产品的主产区，有诸多关于黄茶的历史传说和记述，赋予了黄茶丰富的文化内涵。如相传四千多年前，舜帝南巡，娥皇、女英寻夫赶至君山，听说舜帝病逝，抚竹痛哭，泪洒成斑，她们将随身带来的茶籽播于君山，以寄哀思，感谢百姓。茶籽经悉心培育，在君山白鹤寺长出了三兜健壮的茶苗，成为君山茶母本，也是黄茶之源。据唐李肇《唐国史补》载："湖南有衡山，岳州有灉湖之含膏"。唐末诗僧齐已诗云："灉湖惟上贡，何以惠寻常？"灉湖茶为岳阳黄茶的前身。唐贞观十五年（641），松赞干布迎娶文成公主。出发时，文成公主带去了大量的书籍、陶器、纸、酒、茶叶和很多能工巧匠，其中带去的茶叶就有岳州名茶"灉湖含膏"，即君山茶。从此饮茶的习俗也由文成公主带进了西藏。

（二）黄茶的工艺、品质独特

黄茶特有的"闷黄"工艺造就了黄茶独特的"黄汤黄叶"的品质特征。黄茶内含较高氨基酸，富含茶黄素和各种可溶性糖，拥有较合理的酚氨比，从而其滋味甜爽醇厚，汤色金黄明亮，回味持久。黄茶的外观也独具观赏价值。如君山银针，冲泡以后，根根竖立，堪称奇观。杯中景观，名字优美——雀舌含珠、春笋出土、刀枪林立、万笔书天——三起三落，一道奇观，几种美名，似又不似，不似又似，尽显意象之美。

（三）黄茶的保健功效显著

国家植物功能成分利用工程技术研究中心等科研团队的研究成果显示，岳阳黄茶相较其他茶类有明显的"降糖、润肺、养颜、养胃"的功效，尤其以君山银针为代表的芽头茶，具有明显的抑制老年色素生成、延缓细胞衰老、抗辐射等功效。根据动物实验结果，岳阳黄茶是现代社会人们延缓衰老、抵御不良环境的理想饮品。

（四）黄茶的产业、品牌基础较为雄厚

经过多年的发展，湖南岳阳市现已成为全国规模最大、产业高度集中的黄茶产区和集散地。岳阳市为我国黄茶核

图3.16 中国茶叶流通协会授予平阳县"中国黄茶之乡"称号

心产区，黄茶产业为岳阳市的朝阳产业、优势产业、特色产业和县域经济的支柱产业。"君山"商标是黄茶知名商标，荣获了中国驰名商标、湖南省著名商标、湖南省出口名牌、中国名牌农产品、国际茶业大会金奖品牌和中国十大放心服务品牌、消费者信得过品牌等称号。平阳县、金寨县、远安县等黄茶主产区政府均十分重视黄茶产业发展，安排专项资金支持高标准茶园建设、茶园改造、土地流转、市场建设、品牌打造等，并与龙头企业、高校、研究所签署四方合作协议，实现产学研政相结合。岳阳、霍山、平阳等地陆续被中国茶叶流通协会授予"中国黄茶之乡"称号。

（五）黄茶的市场前景广阔

2010年以后，随着中国国内茶叶消费市场的不断变化，各茶类板块显示出明显的轮动效应。在大于2000亿元的国内茶叶消费市场中，如黄茶以优越的品质推向消费市场，有望取得良好的消费占比与回报，具有广阔的市场前景。

五、黄茶的展望

（一）黄茶科技进展

黄茶加工技术创新主要有三个方向。一是工艺"杂交"，如青茶工艺与黄茶工艺的"杂交"创造了一种花香黄茶，红茶工艺与黄茶工艺的"杂交"创造了一种富含茶黄素的黄茶，黑茶类的茯砖茶发花技术嫁接在黄茶工艺上研发出金花黄茶，黑茶类的晒青技术嫁接在黄茶工艺上研发出一种晒青黄茶。二是改变配料，如黄茶与玫瑰的结合加工成紧压玫瑰黄茶，可美容养颜；黄茶与菊花的结合加工成紧压菊香黄茶，可明目排毒；黄茶与荷叶的结合加工成紧压荷香黄茶，可减肥降脂。三是改进方法，或改变技术参数，或更换加工设备，如君山银针杀青，由锅炒改为食品烤箱烤。黄茶加工工艺的创新，丰富了产品风味，提升了产品质量，节约了生产成本，提高了经济效益。随着科技进步与人们对茶叶加工工艺认识的深入，黄茶工艺技术必将得到持续发展。

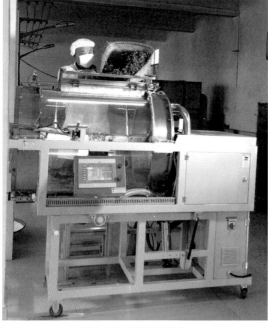

图3.17 黄茶闷黄机

（二）黄茶产业展望

黄茶在六大茶类中属于极小品类，目前仍处于复兴起步阶段。目前全国黄茶生产企业、专业合作社共计约630家；其中，湖南、安徽两省共计约占75%；县域以上龙头企业69家，占比仅为11%。自2014年起，各黄茶主产区地方政府开始重视黄茶产业发展，扶持力度不断加大，使黄茶产品品质整体水平不断提高，工艺标准不断完善，宣传推介力度不断加大，品牌影响不断加强，黄茶市场开始逐步升温。

黄茶悠久的历史和独特的品质，赋予了黄茶丰富的品饮价值、文化价值和保健价值。从历史传承角度上，我们有义务保留和恢复黄茶特有的工艺品质和应有的地位。目前，黄茶在市场上是小众产品，有着巨大的发展空间，是茶行业唯一的一片待开发的蓝海。随着黄茶的研究和市场推广的深入，黄茶独特的风味和良好的养胃、润肺和降糖等功效必将被消费者认同。专家预测，黄茶将是继普洱茶、乌龙茶和白茶之后下一个重点研究与开发的对象之一，同时也是我国继普洱茶、乌龙茶和白茶之后下一个茶叶出口亮点及市场争夺焦点。黄茶从业者要以市场为导向，保护传统工艺，适度创新工艺，发挥黄茶品质特征优势；统一质量标准，规范企业管理，加强产业集中度；开展品牌建设，加大宣传力度，提升消费认知度；政府大力引导，加大政策补贴，推动企业对外拓展；推进茶旅融合，增加产业经济新增长点。用创新精神不断扩大消费群体，在生产加工、市场推广、营销渠道、品牌建设等多方面下足工夫，黄茶将在不久的未来大放异彩。

图3.18 2018全国黄茶斗茶大赛

图3.19 岳阳茶博城——岳阳黄茶批发市场

图3.20 君山银针推介活动

图 3.21　霍山黄茶推介活动

图 3.22　霍山黄茶采茶、制茶能手

图 3.23　霍山黄茶交易市场

第四篇
黄茶之生

    不同的黄茶能广为人们认可，并得到延续发展，就在于各黄茶具有自身独特的品质魅力。而形成黄茶独特品质的核心在于其工艺与生态环境。了解不同黄茶所在地的地理环境条件，有利于理解不同区域黄茶品质特点。也因不同的地理环境条件，不同的黄茶形成了不同的生产规模，产生了不同的品牌与企业。正是这些不同品牌的企业不断开发生产黄茶，使黄茶产业不断发展延伸。

目前中国有六个省二十一个县生产黄茶，主产区在湖南省岳阳市、安徽省霍山县和金寨县、湖北省远安县、四川省雅安市、浙江省平阳县和德清县。黄茶的历史名品较多，君山银针、蒙顶黄芽、霍山黄芽、莫干黄芽等是黄芽茶的主要代表；沩山毛尖、北港毛尖、远安鹿苑、平阳黄汤是黄小茶的主要代表；霍山黄大茶、广东大叶青是黄大茶的主要代表。

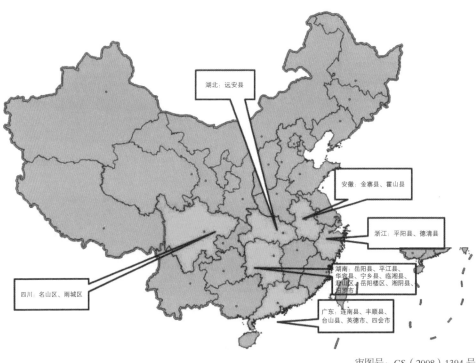

审图号：GS（2008）1394号

图4.1 中国黄茶主要产区

一、湖北黄茶产区

（一）远安县地理环境条件

　　远安县地理坐标为东经 111° 14′ −111° 52′，北纬 30° 53′ −31° 22′，地处鄂西山区向江汉平原过渡地带，境内层峦叠嶂，沮河、漳河、西河等河谷纵横，钟灵毓秀，山水润泽，森林覆盖率达 74.5%，自然环境非常适合茶树生长。鹿苑黄茶出产在距远安县城鸣凤镇西北 7.5 公里处的鹿苑寺附近，这里因山川秀美和古寺的人文景观，历来都是远安的风景名胜之地，现在被辟为鹿苑寺风景区。风景区为一条长 2.5 公里的峡谷，丘陵地形，丹霞地貌。气候属大陆季风性气候，雨量充沛，年平均降雨量 1100mm 左右；年平均气温 15−16℃，≥ 10℃的活动积温为 4800−5100℃；年平均日照时数 1878 小时左右，多漫射光；无霜期 239−242 天。土质为丹霞山岩风化后形成的红砂壤，质地疏松，富含有机质，pH 值为 5.1。

图4.2　远安县凤鸣山

图4.3 远安茶园

图4.4 远安黄茶丹霞地貌茶园

（二）远安黄茶生产情况

相传远安鹿苑黄茶已有 780 多年的历史，起源于鹿苑寺。起初不过是寺僧在寺侧栽种，产量甚微，后当地村民见茶香味浓，争相引种，逐渐形成一定规模。新中国成立前，鹿苑黄茶主要分布在现今鹿苑寺风景区及旧县镇的鹿苑村一带。1966 年鹿苑茶采摘、制作、贮藏等工艺被安徽农学院编入全国高等农业院校试用教材《制茶学》一书，1985 年再度入编《中国名茶研究选集》。1982、1986 年鹿苑黄茶先后被商务部授予"全国名茶"称号；1983 年、1984 年参加广交会和美国俄亥俄州展销会，均被国内外客商誉为香茗上品；1992 年被评为"三峡十佳"名茶；1995 年在第二届中国农业博览会上被评为银奖；2009 年"鹿苑茶制作工艺"被列入省级非物质文化遗产名录。远安黄茶 2015 年获批为国家地理标志产品，2017 年获批为农产品地理标志产品。

远安黄茶由于生长地域独特，制作工艺要求高，产量低，导致"知道的人多，喝到的人少"。新中国成立后，1960 年 2 月成立了集体鹿苑茶场，1963 年 2 月又将集体茶场升格为地方国营茶场，1976 年 10 月又成立了公社级鹿苑茶场，2002 年 2 月国营鹿苑茶场改制。当前在远安县政府的引导下，家庭农场和农民专业合作社相继成立，以多主体、多品牌的"鹿溪玉贡"、"先政传茗"等系列"远安黄茶"入市经销。

2014 年《远安黄茶》湖北省地方标准颁发，远安黄茶制作技艺逐渐走向规范化、标准化。截至 2018 年，远安县茶园面积达 5 万亩，产量 2655 吨，产值 1.2 亿元。茶产业覆盖全县 7 个乡镇、97 个村，涉茶农户 1.135 万户、4 万人；已建成嫘祖、旧县两个产茶大镇，分别占全县茶园总面积的54%、27%。远安黄茶产业进入鼎盛时期，成为远安县的支柱产业之一。

（三）远安黄茶代表性企业与品牌

近年来，远安县委县政府把振兴远安黄茶作为乡村振兴、精准扶贫的重要抓手。通过育龙头、建基地、定标准、树品牌，多管齐下，努力打造湖北黄茶第一县。2017年3月，远安县启动茶叶品牌整合，组建成立了湖北鹿溪玉贡茶业有限公司，成为率领全县茶叶产业的龙头企业。2017年9月"远安黄茶"获国家农产品地理标志认证，成为远安县黄茶公共品牌。通过统一包装、统一质量标准等措施，规范公共商标管理，加快远安黄茶品牌建设步伐。

目前，远安县已成功举办十余届远安黄茶品鉴活动，深度挖掘数十名隐藏在民间的制茶能手。据统计，远安现有远安黄茶制作能手22人，其中省级非物质文化传承人1名，市级非物质文化传承人4名。2017年8月，远安黄茶获得"中茶杯"黄茶类特等奖。2017年11月，远安黄茶荣获"第二届中国武汉绿色产品交易会金奖"。2018年5月获得"岳阳楼杯"全国黄茶斗茶大赛金奖和"宜昌三大特色名茶"称号。2018年11月，远安黄茶加入中国茶叶流通协会黄茶专业委员会。

湖北鹿溪玉贡茶业有限公司

湖北鹿溪玉贡茶业有限公司成立于2017年3月，是一家国有控股企业，是远安县委、县政府重点培育的茶产业龙头企业。公司总部位于远安县鸣凤镇临沮大道206号，注册资本4000万元。公司内设综合部、财务部、生产部、销售部等4个部室，下设汪家栖凤茶厂、旧县镇鹿苑茶厂等2个生产加工基地，拥有茶叶初制生产线2条，精制加工生产线1条，可生产黄、红、绿三大类别高、中、低档系列茶产品。公司拥有茶产品自营出口经营权，并通过了中国质量认证中心的ISO9001质量管理体系认证、HACCP体系认证。2018年1月，公司与杭州中茶院签订了技术开发合同，致力于远安黄茶加工技术研究与开发。

图4.5　君山岛茶园

图4.6　沩山茶园

二、湖南黄茶产区

（一）岳阳地理环境条件

　　岳阳市地处北纬28° 25′ -29° 51′，东经112° 18′ -114° 09′之间。临洞庭湖，接万里长江，属湿润的大陆性季风气候，严寒期短，无霜期长；春温多变，秋寒偏早；雨季明显。年平均气温 16.4-17℃，年平均降水量 1373 mm，年径流总量 9.521 亿 m³。生长季中光热水充足，农业气候条件较好。境内耕地土层厚度平均达 1m 以上，土质以适宜茶树等经济作物生长的红壤、黄壤和黄棕壤为主，耕层疏松，通透性好，有机质丰富，呈弱酸性（pH 值 5.0-6.0），土壤和水体无污染，非常适合种植、生产优质黄茶。君山银针最初产于君山，君山位于岳阳市西南 15 公里，是八百里洞庭湖中的一个山岛，海拔 90m，砂质土壤，深厚肥沃，气候雨量均适宜茶树生长。

（二）岳阳黄茶生产情况

　　岳阳产茶历史悠久，茶文化底蕴深厚。唐代"灉湖含膏"是岳阳黄茶的前身，灉湖茶是今日君山茶与北港茶的前身。清代的岳阳黄茶有君山茶、北港茶、龙窖山茶。君山茶又有"尖茶"和"苑茶"之分。1956 年君山银针获德国莱比锡国际博览会金奖，1959 年被评为"中国十大名茶"，1988 年获中国首届食品博览会金奖。

岳阳是"中国黄茶之乡"。根据《"岳阳黄茶"证明商标使用管理规则》规定：岳阳黄茶原产地域范围行政区划为岳阳市全部产茶区。2018 年，岳阳市黄茶生产基地面积达 29.5 万亩，黄茶年产量 1.3 万吨，黄茶产品 370 多种，综合产值 43 亿元，黄茶销量、产值分别占全国黄茶销量、产值的 65%、70%，是我国黄茶生产、加工与贸易规模最大的集中产区。

图4.7　岳阳黄茶茶园

（三）岳阳黄茶代表性企业与品牌

岳阳市现有茶叶加工、经营企业 300 多家，其中省级龙头企业 7 家，市级龙头企业 11 家。有君山、巴陵春、兰岭、洞庭春、洞庭和九狮寨 6 个中国驰名商标。2014 年，"岳阳黄茶"被原国家工商总局批准为地理标志证明商标；2015 年，"岳阳黄茶"获百年世博中国名茶金奖；2017 年获评"湖南省十大农业区域公共品牌"；2018 年获"湖南十大名茶"称号，其品牌价值达 15.52 亿元。同时，"岳阳黄茶"公共品牌作为湖南省政府及有关部门重点支持对象，被列入"三湘四水五彩茶"（潇湘绿茶、湖南红茶、安化黑茶、岳阳黄茶、桑植白茶）整体"打包"向全国推广，品牌影响力不断扩大，市场份额稳步提升。

图4.8 "岳阳黄茶"获百年世博中国名茶金奖

表4.1 岳阳市主要黄茶企业和知名黄茶品牌

序号	品牌	工作单位	龙头企业
1	君山	湖南省君山银针茶业股份有限公司	省级
2	巴陵春	湖南洞庭山科技发展有限公司（生产：岳阳市洞庭山茶厂）	省级
3	九狮寨	湖南省九狮寨高山茶业有限责任公司	省级
4	洞庭春	岳阳县洞庭春纯天然茶叶有限公司	省级
5	兰岭	湖南兰岭绿态茶业有限公司	省级
6	明伦	临湘市明伦茶业有限公司	省级

湖南省君山银针茶业股份有限公司

　　湖南省君山银针茶业股份有限公司是由岳阳市城投集团旗下旅游发展公司、湖南省茶业集团股份有限公司和岳阳市供销合作联社等单位共同出资组建，集茶叶科研、种植、加工、销售、茶文化传播和旅游于一体的高新技术企业、省级农业产业化龙头企业。公司投资3000多万元整合君山茶业资源，取得君山公园茶场的独家经营权，并将其作为核心基地和绿色食品种植基地。公司现有1万多亩"君山"名优茶生产基地，核心产品为君山银针；300多个"君山"名茶示范专卖店、加盟店；一个国际茶文化研究中心；一个市级茶叶研究所；一支君山银针艺术团；下辖君山茶场、长沙分公司等分支机构。2009年"君山"商标被国家工商总局认定为"中国驰名商标"。2012年公司兴建"君山银针黄茶产业园"，并于2013年建成投产。为做大黄茶品牌，推进产业融合，2017年3月，湖南茶业集团和岳阳城投集团正式签订合作协议，由岳阳城投集团旗下的岳阳市旅游发展公司控股君山银针茶业公司，着力打造"黄茶＋文化＋旅游"的一体化品牌。

三、安徽黄茶产区

（一）霍山县地理环境条件

　　霍山县位于安徽省西部边缘，大别山北麓，地理坐标介于北纬31°03′−31°33′，东经115°52′−116°32′之间。境内群山起伏，地貌特征为"七山一水一分田，一分道路和庄园"，地势呈阶梯状由西南向东北倾斜，西南高、东北低，海拔1774m的大别山主峰白马尖就坐落于此，全县森林覆盖率达76.1%以上。境内有淠河水系和杭埠河水系，总计水域面积21.6万亩；西南部山区有佛子岭、磨子潭和白莲岩三大水库，集水面积1840平方公里；众多的河流和宽阔的水域形成了霍山特有的小气候环境。气候属北亚热带湿润季风性气候，四季分明，雨量充沛，冷热适中。茶区主要分布在海拔 500～800m 的区域，山高岭大，云雾缭绕，土壤肥沃，非常适宜茶树生长，享有"金山药岭名茶地，竹海桑园水电乡"之美誉。

图4.9　霍山茶园

图4.10　霍山黄茶茶旅

图4.11　霍山黄茶驰名商标

图4.12　霍山黄茶地理标志

图4.13　六安茶谷——霍山生态茶园

（二）霍山黄茶产茶情况

　　霍山黄芽自古有之，唐代就已著名，旧时霍山隶属寿州，称"寿州霍山黄芽"或称"寿州黄芽"，李肇《唐国史补》把寿州霍山黄芽列为十四品目的贡品名茶之一。唐时为饼茶，唐《膳夫经手录》载："寿州霍山小团，其绝好者，上于汉美，所阅者，

图4.14 清代霍山茶庄宣传单

馨花颖脱。"明清时期，霍山黄芽制作技艺有了较大提高，工艺日趋完善，已把杀青改蒸为炒，并有了闷黄过程，饮茶亦由烹煮改为冲泡。

新中国成立前，霍山黄芽的制作技术曾一度失传。1971—1972年，霍山县政府组织茶叶专家、老茶工、老茶农深入黄芽产地，挖掘历史名茶，逐步恢复了霍山黄芽茶传统制作工艺，形成现在的霍山黄芽散茶，又称芽茶，成为黄茶类中的名茶之一。

霍山黄茶的生产初期以手工制作为主，以家庭为单位生产。2000年以后，全县范围内90%以上的霍山黄茶加工实现了机械化，手工制作只在乌米尖、大化坪、金竹坪的少数地方生产高档茶时使用。近年来，霍山县茶园面积逐步扩大，茶树品种日益优良，生产工艺不断改进，现已成为全国茶叶生产重点县、全国绿色食品原料（茶叶）标准化生产基地县和全国出口农产品质量安全示范区。截至2018年底，全县茶园面积达16.4万亩，年产干茶8100余吨，其中黄茶产量4000余吨。黄茶产品主要有霍山黄芽、霍山黄小茶和霍山黄大茶，目前市场上以黄芽茶和黄大茶为主导产品。

（三）霍山黄茶代表性企业与品牌

霍山县拥有各类茶叶加工企业300多家，其中"全国茶叶百强企业"2家，省级农业产业化龙头企业2家，国家级农民专业示范合作社2家，市县级农业产业化龙头企业30多家，其中著名的黄茶企业有霍山县抱儿钟秀茶业有限公司、霍山汉唐清茗茶业有限公司、霍山县亨大茶叶有限公司等。

1915年，霍山"抱儿钟秀"黄芽茶在巴拿马万国博览会上荣获"金奖"。"霍山黄芽"证明商标于2002年12月注册成功并使用至今。2007年"霍山黄芽"茶获第七届"中茶杯"全国名优茶评比一等奖，2008年被评定为"奥运五环茶"。2012年"霍山黄芽"获中国"驰名商标"称号，2017年获农业部地理标志产品称号。"霍山黄大茶"2010年获农业部地理标志产品称号，2015年获国家质监局地理标志产品称号。此外，"清茗""抱儿钟秀""雨佳""大化坪""亨大"等8个商标获安徽省著名商标

霍山县抱儿钟秀茶业有限公司

霍山县抱儿钟秀茶业有限公司，是一家经营高端霍山黄芽茶品牌的茶叶公司，系安徽省民营科技企业、六安市农业产业化龙头企业。公司已在霍山黄芽主产地大别山主峰白马尖脚下的金竹坪村建设2200亩核心生产基地和1座清洁化加工厂，均获得有机认证及SC认证，与太阳双金有机茶农民合作社实行股份制合作，率先在县内推行"公司＋合作社＋基地＋茶农"的经营模式，推出霍山黄芽高端产品2大系列（抱儿钟秀系列、金竹坪系列）10大品种、20余款产品。

称号；"永宏""茗翠"等20个商标获市知名商标称号。2014年"抱儿钟秀"牌霍山黄芽被认定为"安徽老字号"产品。

四、浙江黄茶产区

（一）浙江黄茶地理环境条件

1.平阳黄汤地理环境条件

平阳县，隶属于浙江省温州市，地处浙江南部沿海，地势西高东低，西部四周高中间低，海岸线蜿蜒曲折。属中亚热带海洋性季风气候，四季分明、气候温和、雨量充沛，冬无严寒、夏无酷暑。年平均温度17.9℃，相对湿度81%，年降雨量1600-1700mm。这里土壤疏松肥沃，森林覆盖率高，水土资源和动植物资源丰富，环境质量和生物性保持良好，极宜茶树种植，被《浙江省茶叶区划》列为本省茶叶生产最适宜区。平阳黄汤采摘茶园大部分分布在国家级风景名胜区南雁荡山区的周边乡镇，具有得天独厚的原生态条件，产地春季回暖早，茶芽萌发早，茶叶上市早，奠定了平阳黄汤良好的品质基础。

图4.15　平阳黄汤茶园

2.莫干黄芽地理环境条件

莫干黄芽产地为德清县行政区域内莫干山周围茶园，地理坐标为东经119°46′—119°56′，北纬30°28′—30°42′。莫干黄芽茶园面积近3万亩，主要分布于德清县莫干山及周围群山谷地，如块块碧玉，片片镶嵌在翠绿的竹海林荫之中。山区夏季平均最高气温26℃，素有"清凉世界"之称，年均降水1400至1800毫米，常年云雾缭绕。山区以"黄泥沙土"为主，土层深厚，通透性好，土壤酸性，pH值5.5-6.3,适于茶树生长。森林覆盖率达93.5%以上,18万亩毛竹林连绵成片,形成竹海,为生长在其中的茶园提供了良好的生态环境，造就了莫干黄芽这一名茶独特的自然品质。

图4.16 莫干黄芽茶园

（二）浙江黄茶生产情况

1.平阳黄汤生产情况

平阳黄汤创制于清代，并列为朝廷贡品，是浙江的传统名茶。新中国成立以前，泰顺县生产的黄汤，主要经营者为平阳茶商，他们在泰顺县的五里牌等地开设茶馆，收购茶叶，经加工包装，运销上海、天津、营口等地，因而泰顺所产"黄汤"统称"平阳黄汤"。20世纪30年代初期，每年有千余担运销北京、上海、天津等大城市，后来因多种原因停产，加工工艺失传。1987年浙江省平阳县农业局牵头从事平阳黄汤的制作工艺研究，2009年研制成功并开始上市。

平阳县现有茶园总面积4.8万亩，茶叶总产量680吨，茶叶综合产值超2.8亿元；其中平阳黄汤产量70吨，综合产值达1.5亿元。建设有水头镇朝阳山畲乡风情平阳黄汤茶园、山门镇生态红豆杉茶园等茶旅线路。2015年建成的子久茶博苑，集平阳黄汤博物馆与茶文化推广中心为一体。此外，《平阳黄汤茶》（DB330326/T01-2014）农业地方标准规范发布实施，还申报了平阳黄汤非遗产品和非遗传承人，先后获"中国黄茶（平阳黄汤）之乡""中茶茶文化之乡"称号。

2. 莫干黄芽生产情况

在1979年春试制出黄茶类莫干黄芽产品，1982年5月"莫干黄芽"茶获浙江省首批"省级名茶"证书，1999年获浙江省农业厅颁发的"浙江名茶"证牌。随着20世纪90年代后名优绿茶市场的兴起，黄茶类莫干黄芽与同期其他黄茶产区一样，遇到发展瓶颈。现有传统莫干黄芽黄茶加工工艺多为上世纪70年代的老一辈茶叶生产者采用。2013年以前仅有少数老茶场根据订单进行黄茶生产，整个茶区很少有黄茶流通，消费者在很长一段时间内对莫干黄芽的了解也仅限于绿茶。以至于发展至今，当地人习惯将绿茶类产品称为莫干黄芽，黄茶类产品称为闷黄芽。2014年后，德清县开始重新研发黄茶类的莫干黄芽，并恢复生产。

（三）浙江黄茶代表性企业与品牌

1. 平阳黄汤代表性企业与品牌

平阳黄汤现有生产企业20多家，其中国家级示范性专业合作社1家，市级农业龙头企业1家并成功挂牌"新三板"，县级农业龙头企业10家，通过SC认证11家。"平阳黄汤"作为区域公共母品牌，引领生产企业打造自有子品牌，推动平阳茶产业的腾飞。

图4.17 平阳黄汤品牌标识

表4.2 平阳黄汤重点企业名单

序号	企业名称	注册商标	产量（吨）
1	浙江子久文化股份有限公司	子久	18
2	平阳县天润茶叶有限公司	味珍眉	10
3	浙江盈黄农业科技有限公司	盈黄茶业	8
4	平阳县益众绿色食品有限公司	慧春	5

2.莫干黄芽代表性企业与品牌

2009年德清县获批"莫干黄芽"地理标志商标，在莫干黄芽母品牌的公共管理下，也形成了一批如"晓英的茶""云鹤""石颐""东沈红""百亩顶""千亩山""喜壶顶""横岭生态园""游子""瑶佳""木竹坞"等一系列子品牌。2015年德清县市场监督管理局发布《莫干黄芽茶生产技术规程》县级标准规范，2017年申请为农业部农产品地理标志产品，2018年颁布《莫干黄芽茶》（黄茶）行业标准。

五、四川黄茶产区

（一）雅安市地理环境条件

蒙顶黄芽，产于四川省雅安市名山区境内的蒙顶山上。雅安地处青藏高原到川西平原的过渡地带，气候为亚热带季风性湿润气候，有"雨城""天漏"之称。蒙顶山，属邛崃山脉的余脉。《九州志》载有"蒙山者，沐也。言雨露蒙沐，因此为名"。蒙顶山区冬无严寒，夏无酷暑，四季分明，雨量充沛。年平均气温14-15℃，年平均降水量 2000-2200mm，年平均相对湿度 82%。一年中雾天多达 280-300 天，年日照时数仅 1000 小时左右，漫射光丰富，利于茶叶中氨基酸的形成。茶园土层深厚，pH 值 4.5-5.6。所以说，蒙山上有天幕（云雾）覆盖，下有精气（沃壤）滋养，是茶树生长的好地方。

（二）蒙顶黄芽生产情况

雅安市名山区是世界茶文化发源地、茶文化圣山、茶马古道源头。西汉甘露三年（公元前 51 年），吴理真在蒙顶山种下七株"仙茶"。明清时期蒙顶黄芽开始生产，清末民初由于时局原因，蒙山五大名茶均停止生产。加之黄茶制作程序繁复，成本高昂，蒙顶黄芽工艺几近失传。1950 年成立了国营蒙山茶厂，1962-1965 年间杨天炯等结合现代技术将蒙顶黄芽定为黄茶类，并系统总结了其制作工艺，使蒙顶黄芽在 1968 年恢复发展。名山区建有四川最大的国家级茶树良种繁育场、西南最大的茶树基因库，2018 年全县茶园面积达 35.2 万亩，名山被命名为蒙顶山国家茶叶公园。

（三）蒙顶黄芽代表性企业与品牌

生产蒙顶黄芽的企业有四川蒙顶山茶业有限公司、四川川黄茶业集团有限公司、跃华茶蒙顶黄芽、四川省蒙顶山皇茗园茶业集团有限公司等。"蒙顶山茶"成为区域公用品牌，"蒙顶山茶"证明商标、"蒙顶"和"蒙山"企业商标获得中国驰名商标称号。

四川蒙顶山茶业有限公司

四川蒙顶山茶业有限公司是由雅安市政府和名山区政府于 2014 年 11 月共同出资组建成立的有限公司，位于雅安市名山区。2017 年 5 月，川投集团注资控股蒙顶茶业，是一家集茶业科研推广、生产加工、品种繁育、品牌打造、茶旅融合和文化传承于一体的全国资企业。公司现有"蒙顶山茶"、"吴理真"等品牌，以蒙顶甘露为主打产品，更有蒙顶黄芽、蒙顶石花、蒙山毛峰等产品，选用生态优越的高山茶园所产早春嫩芽叶为原料，传承传统工艺、结合现代化的加工技艺精心制作而成，蒙顶黄芽是黄茶中的极致之选。

第五篇
黄茶之制

　　黄茶独特品质的形成，是由生态环境与工艺所决定的。不同产地的黄茶有着不同的加工工艺。那些历史悠久的黄茶产品加工工艺，很多已经申请为非物质文化遗产，使过去传统的加工工艺得到延续。而科技的发展又使黄茶的加工逐步现代化，以实现产品加工的标准化、均一化、清洁化为目标，从而满足现代社会新的需求。

黄茶是从绿茶发展而来的，其初加工包括杀青、闷黄、干燥三道基本工序。杀青是黄茶品质形成的基础，需利用高温杀青彻底破坏酶活性。闷黄是形成黄茶品质的关键工序，将加工中的在制品堆积而发生湿热反应，使茶坯变黄。干燥可以部分延续湿热反应而促进黄化，同时降低水分含量以固定黄茶品质。

一、黄茶加工原理

（一）湿热作用

黄茶具有黄汤黄叶的独特品质，而湿热作用是造就其品质特征的主导因素。湿热作用是在一定水分含量下，以一定的温度作用于茶叶，引起叶内发生一系列化学变化，从而形成黄汤黄叶、滋味醇厚的品质。在高温湿热条件下，叶绿素被大量破坏、分解而显露叶黄素等黄色物质，多酚类物质发生水解、非酶促氧化和异构化，而淀粉和蛋白质分别部分水解成可溶性糖类和氨基酸，从而促进了黄茶品质的形成。

（二）干热作用

干热作用是在水分较少的情况下，以一定的温度作用于茶叶，促进黄茶品质特征的形成。干热条件下，部分酯型儿茶素裂解为简单儿茶素和没食子酸，同时发生异构化，从而增加黄茶的醇和滋味。另外，在干热作用下，糖类物质会发生反应产生焦糖香，氨基酸易受热转化为挥发性醛类，进而发展黄茶香气。

（三）黄茶制作过程的理化变化

1. 叶绿素的变化

黄茶的品质特点突出表现为"黄汤黄叶"，即干茶黄、汤色黄、叶底黄，其色泽有的是鲜叶中天然存在的化合物决定的，但更多的是在加工过程中转化形成的。其中，叶绿素发生深刻的变化而对黄茶色泽影响较大，叶绿素在杀青、闷黄、干燥的过程中受到湿热作用而发生氧化、裂解、置换等反应，含量显著减少，黄色物质显露，这是黄茶干茶、叶底呈黄色的主要原因。

2. 多酚类物质的变化

茶多酚是影响黄茶品质的重要成分，具有收敛性和苦涩味。在黄茶闷黄过程中，多酚类物质发生非酶促氧化、异构化和热裂解等一系列反应，总量显著下降，刺激感减弱。此外，其中一部分苦涩味较重的酯型儿茶素会转化为口感较醇爽的非酯型儿茶素，同时又有些多酚类物质会氧化产生少量爽口的茶黄素类成分，儿茶素间的比例发生改变，并与氨基酸、咖啡碱等物质共同构成了黄茶醇爽不涩的滋味特征。

3. 其他物质的变化

在黄茶加工中，游离氨基酸和糖类也发生显著变化。在湿热作用下，叶内的部分蛋白质会水解成具鲜爽感的游离氨基酸，淀粉也会水解成可溶性糖，二者进而结合为糖胺化合物，产生焦糖香，为黄茶香气和滋味品质奠定物质基础。同时，加工过程中，氨基酸还会转化为挥发性醛类物质，参与黄茶香气形成。另外，高温杀青过程中，低沸点的芳香物质（青叶醇、青叶醛）挥发，具有良好香气的高沸点芳香物质（芳樟醇、苯乙醛、香叶醇）显露，成为构成黄茶香气的主体物质。

二、黄茶基本加工技术

不同黄茶的加工方法各不相同，但基本工序为：鲜叶采摘→杀青→闷黄→干燥。不少黄茶加工无揉捻工序，如君山银针、蒙顶黄芽，故揉捻不是黄茶必不可少的工序。

（一）鲜叶采摘

黄茶要求采摘细嫩鲜叶，不同黄茶采叶的标准不同。黄芽茶一般采摘单芽或一芽一叶初展，而黄小茶一般采一芽一、二叶，黄大茶可采到一芽四、五叶。虽然对鲜叶的老嫩度要求不同，但采摘均要匀净，不得混有茶梗、花蕾、茶果等杂物。采摘好的鲜叶应储放于阴凉、通风、洁净的地方，不可挤压，以免造成鲜叶劣变，出现红边、红茎等。

图5.1　采摘

（二）杀青

黄茶杀青的原理目的与绿茶基本相同，是利用高温在短时间内破坏酶的活性，制止多酚氧化酶的酶促氧化，散发青草气发展茶香，同时加速鲜叶中化学成分的水解和热裂解，促进黄茶品质形成。黄茶杀青的操作整体与绿茶杀青的操作相同，仅少数黄茶杀青中会讲究轻度闷黄。

（三）闷黄

不同黄茶对闷黄的程度要求不一，因此在闷黄操作中有所不同。在制品的含水量、闷黄温度是影响黄变的主要因素。为了促进黄变，有趁热闷黄，还有利用烘、炒来提高叶温闷黄。此外，闷黄中还应控制茶坯含水量。根据闷黄时茶坯含水量的不同，主要分为湿坯闷黄和干坯闷黄两类。

1. 湿坯闷黄

湿坯闷黄是杀青或揉捻后，在叶子含水量较高时堆积闷黄。茶坯含水量一般控制在 40%-50%，闷黄温度相对较高，黄变速度快，闷黄时间一般比较短。

2. 干坯闷黄

干坯闷黄是在初烘后，茶坯含水量较低时趁热进行的闷黄。此时茶坯含水量一般在 20%-25%，闷黄温度相对较低，黄变速度慢，闷黄时间一般比较长。

（四）干燥

黄茶干燥一般采用烘干和炒干两种方式。干燥温度由低到高，且较其他茶类低，主要是为了减缓水分散失速度，继续创造湿热环境来进行闷黄。黄茶干燥通常分毛火和足火两次进行。

1. 毛火

黄茶毛火多采用较低温度烘炒，投叶量适当多，适当延长干燥时间，以促进黄汤黄叶品质的形成。

2. 足火

黄茶足火多采用高温烘炒，以增强黄茶的醇和滋味。足火后的毛茶，需及时摊凉，然后密封贮藏，以防止污染受潮。

三、代表性黄茶加工技术

（一）湖南黄茶加工技术

1. 君山银针加工技术

传统的手工君山银针主要经鲜叶采摘、杀青、摊凉、初烘、初包、复烘、摊凉、复包、干燥等工序，历时约 72 小时制成，制法特点是在初烘、复烘前后进行摊凉和初包、复包。

（1）鲜叶采摘

一般在清明前 3-7 天开采，最迟不超过清明后 10 天。采摘粗壮芽头，芽长 23-30 毫米，芽宽 3-4 毫米，芽柄长约 2-3 毫米，用手将茶叶芽头折断，断面整齐，尽量做到不破坏茶芽。茶芽采回后，还须剔除不合规格的芽叶。

（2）杀青

杀青锅温保持 130-100℃，先高后低，每锅可炒芽头 0.5kg。两手握茶，轻快翻炒，使茶叶均匀受热，蒸发水分，切勿在锅内来回摩擦，经 4-5min，茶芽发出清香，芽蒂萎软时即可出锅。

（3）摊凉

以竹盘装盛杀青好了的芽叶，簸动十几下，把水汽和茶片等轻飘物除去，约需 1-2min。

（4）初烘

将摊凉去杂后的茶芽，置于竹制小盘（直径 46 厘米左右，上糊皮纸两层）中，立即上烘。烘灶系用砖砌成，高 0.8 米左右，烘茶温度为 50-60℃，每盘烘茶坯 250g 左右，每隔 2-3min 翻动一次，至加工叶含水量下降至 50% 左右下烘，摊凉 1h 左右。

（5）初包

用皮纸将茶包裹好，1000-1500g 茶叶每包，置于无异味的铁桶或枫木箱内封盖，放置约 48h 使茶芽转变为橙黄色。初包每包茶叶不可过多或过少，过多化学变化剧烈，茶芽易发暗；太少色变缓慢，难以达到充分闷黄的目的。

图 5.2　君山银针茶手工杀青

图 5.3　君山银针茶初烘

（6）复烘

复烘温度比初烘稍低，约40−45℃，每隔5−6min翻一次，烘至茶叶含水量为35%左右，取出摊凉。

图5.4　君山银针茶初包

（7）再包（复包）

再包的作用是为了弥补初包茶芽内含成分转化的不足，继续形成有效物质。将复烘后的加工叶再用皮纸包裹，放置24h左右，使茶芽继续变黄，待茶芽色泽金黄，香气浓郁为适度。

（8）足火

将经过再包（复包）的加工叶用竹圆盘置灶上烘干，干燥温度稍低于复烘温度，约为50℃左右，使茶叶含水量进一步下降至7%以下。

2.岳阳黄叶加工技术

岳阳黄叶加工技术分为鲜叶采摘、摊放、摇青、杀青、初次闷黄、揉捻、初烘、复闷黄和干燥几步。

（1）鲜叶采摘

岳阳黄叶原料为茶树一芽二叶到一

图5.5　君山银针茶复包

图5.6　君山银针茶足火

芽多叶或对夹叶。

（2）摊放

将选好的新鲜茶叶原料均匀摊置于竹盘、竹席或帘架式贮青和摊放设备上，摊叶厚度为4.5厘米左右，摊叶量为4.0kg/m²左右，摊放温度控制在25℃左右。待新叶含水量自然蒸发至72%-75%，且叶片由脆硬变得柔软，叶色由鲜绿转变为暗绿失去光泽，第一、二叶明显下垂，顶叶和梢头弯垂，嫩梗折弯不脆断即可。

（3）摇青

摇青工艺适用于做花果香黄茶，适用于一芽三叶以上的原料。将摊放叶进行3-5次摇青，每次摇青用力要均匀，转数控制在20-25转/min，每次摇1min左右，每次摇青后用簸箕摊开静置凉青0.5h，再进行下一次摇青；待茶叶原料触摸柔软有湿手感，叶色由青转暗绿，叶表出现红点，且青气消退、香气显露即可结束摇青工序。

（4）杀青

采用滚筒式杀青机杀青，杀青锅温为280-300℃，杀青至茶叶含水量降至50%-60%为适度。

（5）初次闷黄

采用闷黄机或木箱闷黄，闷黄温度控制在32℃左右，时间1-3h。幼嫩芽叶少闷，而粗老茶叶闷黄时间相对长于幼嫩芽叶。

（6）揉捻

将初闷后的茶叶投至揉捻机中揉30-60min，使茶叶成条率达到70%-90%。

（7）初烘

揉捻叶采用烘干机烘干，进风温度90-100℃，至茶叶含水量降至30%左右为适度。

（8）复闷黄

初烘后的茶叶，采用闷黄机或其他闷黄设备继续闷黄至叶色全部转黄，历时约20-40h。

（9）干燥

采用机械烘（炒）干，分低温长烘（炒）（70-80℃）或高温短烘（炒）（100-110℃）两种，烘（炒）至茶坯含水量降到7%以下，即完成岳阳黄叶加工。

3.岳阳紧压黄茶加工技术

以紧压黄茶砖的机制为例，工艺流程如下。

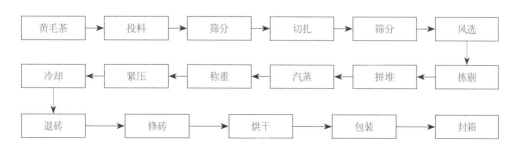

（1）毛茶整理

应用拣剔、筛分、风选、色选等技术或技术组合，去除各种非茶类夹杂物。根据产品质量要求对岳阳黄芽或岳阳黄叶的毛茶进行整理分级归堆，主要分三个等级，特级采用一芽一叶初展为主，一级以一芽一叶为主，二级以一芽二叶为主。

（2）拼配匀堆

经整理后的茶叶，根据单级付制，进行打堆拼配，采用人工或机械匀堆，使茶叶混合均匀，品质一致。

（3）称量

采用人工或自动称量。

（4）蒸压定型

称量好的茶叶放置在蒸茶器具中，利用蒸汽将茶叶蒸软后，倒入模具中进行压制成型，定型后冷却。

（5）干燥

根据紧压茶的重量和形状，在烘房中烘至茶叶含水量9%以下。

4. 紧压金花黄茶加工技术

（1）原料精选拼配

选用岳阳黄芽或岳阳黄叶的毛茶进行精选去片末，然后匀堆拼配。

（2）称茶

将拼配好的黄茶原料根据所加工砖片的质量称好备用。

（3）加茶汁

茶汁由茶果、茶叶熬制而成。将1kg茶叶、0.5kg茶果放入布袋扎好，放入50升水中，用蒸汽加热至100℃，熬制15-20min备用。将称好备用的茶叶加入事先准备好的茶汁，以每片茶砖的重量计算，春、夏季半成品原料加茶汁水为10%-12%，砖片的进烘含水量控制在24%-26%；秋、冬季半成品原料加茶汁水为12%-14%，砖片进烘含水量控制在26%-28%。所有半成品原料均需保证水分适度，以有利于冠突散囊菌的生长。

（4）搅拌

对加入茶汁的原料进行充分的搅拌，保证原料的湿度均匀一致。

（5）蒸茶

将搅拌好的茶叶装入蒸茶筒内，采用蒸汽发生器产生的蒸汽蒸茶，蒸茶的压力为0.3-0.4MPa，蒸茶时间控制在2-4s内，将茶叶蒸软蒸透。

（6）装模筑砖

待称好重量的纸袋及模具中装有1/3蒸后的茶叶时，开始交替逐步筑紧茶叶，直至将茶叶筑平纸袋。根据茶叶砖片的重量、嫩度、粗细来确定砖片的松紧度，茶叶需松紧度适当，砖片的密度控制在0.65-0.75mm³之间。

（7）退模冷却

将筑好之后的茶砖模具封好砖口，打开模具，取出茶砖，用麻绳将四边捆好，自然冷却后进烘房。

（8）发花干燥

在烘房期间里，分发花期和干燥期两个时期，第1-12天为发花期，而13-22天为干燥期。发花期的温度一般控制在

24-28℃，湿度控制在 65%-80%；而干燥期温度从 31℃开始上升，但最高不超过 42℃。在烘房顶部开设天窗，当烘房湿度大于 90% 时，要及时打开窗户或者天窗排湿，或者采用抽湿机排湿，排湿时间控制在每天中午之前。黄茶砖进入烘房后 8 天左右，第一次检查发花情况，看孢子的色泽、颗粒的大小来判断发花是否成功。第二次检查在进烘后 13 天，检查金花是否普遍茂盛，再确定是否转入干燥阶段。

（9）出烘

干燥结束后，对烘房里的茶砖进行水分测定，如果茶砖的水分在 9% 以下时，即可出烘。如果水分过高，则需要继续烘干，直到水分降到 9% 以下。出烘时，轻拿轻放，并将茶砖整齐地摆放在摊凉架上冷却。

图5.7 沩山毛尖茶的鲜叶

5.沩山毛尖加工技术

沩山毛尖目前主要采用传统工艺加工，主要分为以下几步：

（1）鲜叶采摘

鲜叶要求一般在谷雨前 6-7 天开采，采摘标准为一芽一叶或一芽二叶初展，俗称"鸦雀嘴"。当天采当天制，保持芽叶的新鲜度。

（2）摊放

均匀薄摊以散发水分，促进内含成分转化，一般摊放 8h 左右。

（3）杀青

可采用蒸青和锅炒杀青两种杀青方式。目前茶农多采用蒸青方式。采用普

图5.8 沩山毛尖茶的鲜叶摊放

图5.9 沩山毛尖茶的杀青

通蒸笼，铺上纱布，摊叶1厘米厚，约500g，视原料老嫩，蒸青90s左右，蒸至叶色谷黄为度。蒸青时必须严格掌握好程度，杀青不足则叶片红变，过度则叶片易烂。锅炒杀青采用平锅杀青，投叶量约1.5~2kg，锅温控制在150℃左右，杀青温度先高后低，炒茶要抖得高，扬

图5.10　沩山毛尖茶的闷黄

图5.11　沩山毛尖茶的揉捻

图5.12　沩山毛尖茶的烘焙

得开，反复翻炒，使水分迅速散发，待炒至叶色暗绿，叶片黏手时即可出锅。

（4）闷黄

杀青叶趁热堆放。蒸青后的叶片，因含水量太高，需稍稍烘焙一下，焙温70-80℃，烘5min，以去除叶片表面水分为宜。将4-5锅杀青叶堆放在篾盘中，堆叶厚10-12厘米，盖上湿纱布保温保湿，闷黄历时约1h。锅炒杀青则要闷黄5-6h，中间翻堆一次，使黄变均匀一致，至全部茶叶变黄为止，且先黄变的茶叶先散堆。

（5）轻揉

闷黄后，放在篾盘内轻揉，要求叶缘微卷，保持叶形完整，切记揉出茶汁，以免成茶色泽变黑。沩山毛尖采取轻揉、轻压，人工揉捻时间不宜过长，机器揉捻一般6-8min即可。要求叶缘微卷，芽叶完整。

（6）烘焙

在特制的烘灶上进行，采用枫木或松柴慢火烘焙，火温不能太高，以70-80℃为宜。每焙可烘三层，厚度共7厘米左右。待第一层烘至七成干时，再加第二层，类似再加第三层，直至第三层烘至足干时下焙。在烘焙中不需翻焙，避免茶条卷曲不直。如遇气温低，黄变不足，可在烘至七成干时提前下烘，堆闷2h，以促进继续黄变。

（7）拣剔

下焙后，拣剔单片、梗子、杂物等。

（8）熏烟

先在茶叶上均匀地洒注清水或茶汁

水,每100kg干茶洒水15kg左右,以促使叶条回潮温润,然后用新鲜的枫球或黄藤为燃料进行暗火缓慢烘焙熏烟。时间约16-20h左右。烘至足干后,摊凉密封贮藏。

6.北港毛尖加工技术

加工北港毛尖大部分时间在炒锅内进行,全程约1个多小时,工序分杀青、锅揉、拍汗、复炒复揉、烘干。

（1）鲜叶采摘

一般在清明节后6天内开采,采摘标准为一芽一叶或一芽二叶,选晴天采摘。要求芽叶肥壮,柔嫩多毫。随采随制,当天采的芽叶,当天制完。

（2）杀青

杀青锅温170-180℃,每锅投叶量1.5-2.5kg。先抖炒2min左右,随后锅温降至100℃以下,再炒12-13min,至叶子发出清香,无青草气,杀青叶达三成干时,不出锅,转入下道工序。

（3）锅揉

杀青后把锅温降低到80℃左右,在锅内反复揉炒解块,直至叶片卷成索状,达六成干时出锅。

（4）拍汗

出锅叶放在簸箕内拍紧,上面盖棉布,时间为30min左右,使茶条回潮,水分均匀分布,再投入锅内复炒复揉。

（5）复炒复揉

锅温保持在60-70℃,炒至条索紧卷、白毫显露,达八成干时出锅摊放。

（6）烘干

摊放后,用炭火烘焙。烘焙温度80-90℃,烘至足干,趁热装入箱内密封,促使叶色进一步黄变。

（二）四川黄茶加工技术

目前蒙顶黄芽主要采用传统和机械加工两种方式,同时在新工艺方面也进行了探索。

1.蒙顶黄芽传统加工技术

蒙顶黄芽的传统加工技术分为鲜叶采摘、摊放、杀青、初包、复炒、复包、三炒、堆积摊放、四炒、烘焙。

（1）鲜叶采摘

于春分时节,当茶树上有10%左右的芽头展开,即可开园采摘肥壮芽头制作特级蒙顶黄芽。由山腰茶园最先开采,逐渐向山顶茶园推进,品质以山顶茶园为佳。随着时间推移,茶芽长大,可采

图5.13 蒙顶黄芽的鲜叶

图5.14　蒙顶黄芽加工的炒锅

摘一芽一叶初展的芽头，俗称"鸦雀嘴"作为一级黄芽茶的原料，但不能采摘真叶已开展的芽头（俗称空心芽）。从春分采至清明后 10 天左右结束，要求芽头肥壮，长短大小匀齐，每千克有 1.6-2.0 万个单芽。

（2）摊放

采回的嫩芽要及时摊放，一般需薄摊 4-6h，鲜叶含水量减少至 70% 左右。

（3）杀青

采用口径 50 厘米左右的平锅杀青，锅壁表面平滑光洁。当锅温升到 100℃左右，均匀地涂上少量炒茶油。待锅温达 130℃时，即可开始杀青。每锅投入摊放叶 120-150g，历时 4-5min，当叶色转暗，茶香显露，芽叶含水量减少到 55%-60%，即可出锅。

（4）初包

蒙顶黄芽属于湿坯闷黄，包黄是形成蒙顶黄芽品质特点的关键工序。将杀青叶迅速用草纸包好，使初包叶温保持在 55℃ 左右，放置 60-80min，中间开包翻拌一次，促使黄变均匀。待叶温下

图5.15　蒙顶黄芽的杀青

图5.16　蒙顶黄芽的初包

降到 35℃左右，叶色呈微黄绿时，进行复锅二炒。

（5）复炒

一般锅温控制在 70-80℃，在炒制过程中理直、压扁芽叶，当含水量下降到 45% 左右，即可出锅。

（6）复包

复炒后，按初包方法将 50-55℃左右的复炒叶进行包置，复包时间通常为 50-60min，使叶色逐渐转变为黄绿色。

（7）三炒

三炒的操作方法与复炒相似，锅温控制于 70℃左右，炒到茶条基本定型，加工叶含水量为 30%-35% 时即可出锅。

（8）堆积摊放

将三炒叶趁热撒在细篾簸箕上，摊放厚度 5-7 厘米，盖上草纸保温，一般需堆积 24-36h。

（9）四炒

四炒锅温一般在 60-70℃，以整理外形，散发水分和闷气，增进香味。起锅后如发现黄变程度不足，可继续堆积，直到色变适度，即可烘焙。

图 5.18 蒙顶黄芽的复包

图 5.19 蒙顶黄芽的三炒

图 5.20 蒙顶黄芽的堆积摊放

图 5.17 蒙顶黄芽的复炒

图 5.21 蒙顶黄芽的四炒

图5.22 蒙顶黄芽的烘焙

（10）烘焙

烘焙温度保持在40-50℃，慢烘细焙，以促进色香味的形成。烘至含水量5%左右，下烘摊放，即完成蒙顶黄芽的加工。

2.蒙顶黄芽机械加工技术

蒙顶黄芽的机械加工技术主要包括鲜叶采摘、摊放、杀青、初包黄、复炒、复包黄、三炒、堆黄、四炒和烘焙。由于各制茶企业对黄茶黄变程度的掌握不同，在"初包黄""复包黄"和"堆黄"的具体时间方面存在一定差异。

（1）摊放

鲜叶放于摊放槽的细孔尼龙网上，厚约3-4厘米，间断吹风，一般需摊放12-18h，使芽叶散去表面水分，叶质呈柔软状。

（2）杀青

采用40型连续滚筒杀青机进行杀青，杀青温度先高后低，控制在140-110℃，杀青3-4min。

（3）初包黄

当杀青叶温降至55℃左右后，用白布或原草纸按1包约0.8-1.6kg杀青叶包裹，并放置在一起，在制茶灶上保温约1-3h，每30min开包翻动茶叶，待叶温降至35℃左右，叶色转为黄绿为适度。

（4）复炒

复炒锅温一般控制在75℃左右，炒制约3-4min。

（5）复包黄

方式同"初包黄"，在制茶灶上保温50-60min左右，待叶温降至50℃，叶色微黄为适度。

（6）三炒

方式与"复炒"相似，促进水分散失和香味形成，出叶时加工叶含水量约为30%-35%。

（7）堆黄

将"三炒"叶趁热堆放，堆高5-10厘米，并覆盖草纸保温，堆放约24-36h，以促进转色、除去苦涩味，形成黄汤黄叶的特征。

（8）四炒

利用扁茶机理条与压扁，锅温控制在60-70℃，炒制时间约为7-12min，出叶时加工叶水分含量约12%-18%。如黄变程度不够，可再堆积10-48h至充分黄变。

（9）烘焙

以电热烘箱或远红外烘箱烘干，于40-45℃提香，3-5min翻茶1次，待茶香显露，含水量低于5%时，下烘、摊晾、包装。

3.蒙顶黄芽新加工技术

黄茶新工艺制作蒙顶黄芽的流程为:鲜叶→杀青→理条→一闷→二闷→摊放→干燥。新工艺与传统工艺制作的蒙顶黄芽流程相同,只是在闷黄阶段所采用的闷黄材料不同,传统工艺制作蒙顶黄芽采用草纸进行闷黄,而新工艺则采用锡箔纸材料装袋进行闷黄。

(三)安徽黄茶加工技术

1.霍山黄芽加工技术

霍山黄芽加工工艺分传统制作工艺和机械制作工艺。

(1)霍山黄芽传统加工技术

霍山黄芽传统手工工序包括:鲜叶采摘、摊放、杀青、做形、摊凉、初烘、闷黄、复烘、摊放、拣剔、复火。

①鲜叶采摘

采摘单芽至一芽一叶初展,芽叶匀齐肥壮。

②摊放

鲜叶采回后,除去老叶、茶梗、杂质以及不符合标准的鲜叶,及时摊放散发青草气和表面水分,待清香显露即为适度。

图5.23 霍山黄芽茶的新芽

图5.24 霍山黄芽茶的鲜叶采摘

图5.25 霍山黄芽的鲜叶

图5.26　霍山黄芽茶的手工杀青

图5.27　霍山黄芽茶的初烘

图5.28　霍山黄芽茶的复火

③杀青（生锅）

杀青锅温控制于120-130℃，投叶量一般为20-30g，使用长65厘米左右、直径4-5厘米的芒花把在锅内进行挑、拨、抖，使鲜叶充分散失水分，叶色由绿变为暗绿，同时含水量从原来的70%左右下降至55%-60%。

④做形（熟锅）

锅温一般在100℃左右，用芒花把在锅内进行拨、抖、捺，主要目的是为了做形，使芽叶皱缩形似雀舌，清香散发，含水量下降至45%-50%即可出锅摊凉。

⑤初烘

初烘温度一般为120℃左右，每烘笼投叶量控制在4-5锅杀青叶，采取高温、勤翻、快烘的方式，2min翻叶一次，烘至稍有刺手感，七成干时下烘。

⑥闷黄

初烘后的茶叶趁热摊放于团簸内，堆高15-20厘米，上盖八成干的湿棉布闷8-10h，或用棉皮纸分成小包放在木箱里闷黄，至叶色微黄，花香显露即可进行复烘至九成干摊放。闷黄是霍山黄芽制作的关键环节，芽叶老嫩、摊放厚度、含水量、空气湿度等均对其有一定影响，须灵活掌握，看茶做茶。

⑦复火

该工序是影响茶叶香气高低的关键工序，温度一般控制在75-80℃，投叶量1.5-2kg，翻烘要轻、快、勤，直至手捻茶叶成末，茶香浓郁，白毫显露时下烘，趁热装筒密封。

（2）霍山黄芽机械加工技术

霍山黄芽机械加工主要经过鲜叶摊放、杀青、理条、烘干制成。随着清洁化加工的发展，霍山黄芽清洁化加工生产流水线也有一定的应用。

①摊放

鲜叶采回后，先在通风良好处摊放4h左右，摊层厚度在2厘米上下，以叶质变软、失重量在10%左右为宜。

②杀青

先对杀青滚筒进行预热，并同时将杀青时间调整在1.5min左右。待进茶口温度达120℃时即可投叶。杀青过程筒温应尽可能保持稳定。

③理条

待理条机槽内温度达85℃左右时即可投叶理条，每机投叶量为1.5kg杀青叶，各槽投叶量需保持一致。理条时间约4min，当茶叶已成条并且松紧适宜时即可出叶。如果发现槽内有茶汁积滞，应及时用制茶专用油擦拭槽面，以保持槽面光滑。理条叶出锅后摊凉20min左右，摊放厚度2厘米。

④烘干

霍山黄芽的干燥过程分为初烘和复烘，均采用手拉百叶烘干。初烘温度在120℃左右即可上烘，烘层杀青叶摊放厚度为1.5厘米左右，每层烘3-4min。全程耗时15min左右，以茶叶手握有刺手感，折梗易断，白毫初显为宜，下机摊凉2h左右拣去飘叶等杂质。复烘时，热风温度一般在90℃左右，初烘叶摊放厚

图5.29　霍山黄芽茶的簸选

图5.30　霍山黄芽茶的拣剔

度约2厘米，全程耗时12min左右，当手捻茶叶成粉末状即可。成品茶白毫显露，色泽润绿微黄，外形松紧适度，形似雀舌。

2. 霍山黄大茶加工技术

霍山黄大茶加工分传统手工制茶和

机械制茶。

（1）霍山黄大茶传统加工技术

霍山黄大茶传统手工制茶技术主要包括鲜叶采摘、摊放、杀青、揉捻、初烘、堆积闷黄和足烘。

①鲜叶采摘

霍山黄大茶的鲜叶采摘标准为一芽四、五叶。

②摊放

采回的鲜叶合理摊放，应勤加翻拌。白天采晚上制，一般不隔夜。

③杀青

霍山黄大茶杀青又分生锅、二青锅、熟锅三个阶段。杀青锅使用普通饭锅，砌切三锅相连的炒茶灶，锅倾斜呈25-30度。杀青使用的竹丝帚用竹丝扎成，长1米左右，竹丝一端直径10厘米。当地茶农将炒制方式概况为"第一锅满锅旋，第二锅带把劲，第三锅钻把子"。

生锅主要起杀青作用。锅温150-200℃，投叶量250-500g。两手持炒茶扫帚与锅壁成一定角度，在锅中旋转炒拌，竹丝扫帚有弹性，使叶子跟着扫帚在锅中旋转翻动，受热均匀。杀青过程要转得快，用力匀，不断翻转抖扬，使水气及时散发，炒制约3-5min，叶质柔软，叶色暗绿，即可扫入第二锅内。

二青锅（初步揉条）的锅温稍低于生锅，一般为150-170℃，炒制方法与生锅基本相同，但用力要大，转圈也要大，起着揉条作用。茶需顺着炒把转，否则茶叶满锅飞，不易成条。当茶叶炒至成

团时，及时松把，将炒把夹带的茶叶甩出，抖散团块，散发水气。松把后再炒转，用力一次比一次加大，所以要"带把劲"，使之揉成条。当茶叶炒至皱叠成条，茶汁溢出，有黏手感，即可扫入熟锅。

熟锅是为了进一步做成细条，锅温130-150℃，方法与二锅基本相同，旋转搓揉，使叶子吞吐在竹丝炒把间，谓之"钻把子"。待炒至条索紧细，发出茶香，约三四成干，即可出锅。

④揉捻

采用手工搓揉，一锅一揉，在竹篓中按一个方向揉成团，中间解散团块再揉捻成团，反复数次，揉捻至茶条紧结即可。

⑤初烘

采用烘笼烘焙，温度控制在120℃左右，烘叶量2-2.5kg。每隔2-3min翻烘一次。历时约30min，烘至七八成干，有刺手感觉，折梗皮相连未能完全折断，即为适度。

⑥堆积闷黄

初烘叶趁热装入茶篓或堆积于圈席内，稍微压紧，堆高约1米左右，置于干燥的烘房内。时间长短视鲜叶老嫩、茶坯含水量及黄变程度而定，一般5-7天。待叶色变黄，香气透露即为适度。

⑦足烘

堆积变黄茶叶经拣剔老叶杂物后，进行足火。霍山黄大茶足火分为拉小火和拉老火两个阶段。

拉小火一般温度控制在100℃左右

每次投叶 10kg 左右，隔 5-7min 翻拌一次。烘至九成干，历时约 30min，即可下烘摊晾 3-5h，再进行拉老火。

拉老火的温度一般调整至 150℃ 左右，每次投叶量 12.5kg 左右。拉老火时应勤翻、匀翻、轻翻。烘至足干，茶梗折之即断，茶叶手捻即成粉末，含水量进一步下降至 6% 以下，梗心起泡呈菊花状，干茶金黄，梗有光泽，并发出浓烈的高火香、烘顶冒出青烟、足干上霜为止。历时约 40-60min，下烘趁热包装待运。

（2）霍山黄大茶机械加工技术

霍山黄大茶机械加工技术主要工艺与传统加工技术相同，均包括下列几步：摊放、杀青、揉捻、初烘、闷黄、足烘。

①摊放

进厂鲜叶及时摊放，至叶色稍暗绿，含水量为 72% -74% 时即可杀青。

②杀青

采用 70 型或 80 型滚筒杀青机，温度控制在 290-310℃ 左右，滚筒筒体局部呈暗红色，开始时投叶量要多，杀青时间在 2min 左右。杀青应掌握"高温杀青、先高后低"，做到杀匀杀透、无红梗红叶，含水量下降至 55% -60%。

③揉捻

采用 55 型或 65 型茶叶揉捻机揉捻，揉捻加压按照"轻一重一轻"的原则，老叶重压长揉，嫩叶轻压短揉。以茶叶紧结成条，茶汁附于表面不流失，成条率达 80% 以上为适度。揉捻叶采用振动槽或解块机及时解散团块。

④初烘

使用 120 型炒干机或选用 70 型连续滚筒炒坯机进行初烘。炒坯掌握高温快速的原则，一般温度控制于 180℃ 左右，滚筒初烘历时 3-5min，而采用炒干机一般初烘 10-15min，初烘至含水量降至 30% -40%。

⑤闷黄

闷黄工艺同手工加工，初烘叶趁热装入茶篓或堆积于圈席内，稍加压紧，堆高约 1 米，置于干燥的烘房内。时间长短视鲜叶老嫩、茶坯含水量以及黄变程度而定，待叶色变黄，香气透露即为适度。

⑥足烘

堆积变黄叶子经拣剔老叶杂物后，进行足火，与传统工艺相同，依然分拉小火和拉老火两个阶段。

拉小火采用 80 型连续滚筒或 120 型炒干机进行，温度设定在 150-170℃ 左右。滚筒滚烘 3-5min，或炒干机炒烘 10-15min，烘至含水量 10% -15%，下烘摊凉 30-40min，待茶叶冷却后再拉老火。

拉老火过程使用滚筒烘至足干，温度一般控制于 190-210℃，要求茶梗折之即断，茶叶手捻即成粉末，梗心起泡呈菊花状，金黄色，梗有光泽，并发出浓烈的高火香、滚筒出来的茶叶都冒青烟、含水量进一步下降到 6% 以下，下烘趁热包装待运。

（四）浙江黄茶加工技术

1. 平阳黄汤加工技术

平阳黄汤加工技术主要包括鲜叶采摘、摊放、杀青、揉捻、一闷、一烘、二闷、二烘、三闷、三烘、复烘复闷等步骤。

（1）鲜叶采摘

平阳黄汤清明前开采，鲜叶标准分三个等级，特级（一芽一叶）、一级（一芽一叶为主，一芽二叶初展不超过 20%，稍带鱼叶）、二级（一芽一叶 50% 以上，稍带鱼叶、单片）。

（2）摊放

鲜叶分级摊放，厚度不超过 3 厘米，摊放时间 4-12h，最多不超过 20h。摊放过程中做到适时翻叶散热，并要轻翻、翻匀。

（3）杀青

杀青可采用手工杀青和机械杀青。手工杀青宜掌握在锅温 150-200℃，鲜叶下锅后应迅速翻炒、杀匀、杀透，无红梗红叶、焦叶焦边，整个杀青时间为 4-5min。机械杀青宜选用滚筒杀青机，从进叶到出叶调节在 1-1.2min 分钟，杀青叶失重率一般为 25%-35%，以杀匀杀透为适度。

（4）揉捻

杀青叶经摊凉后进行揉捻，揉捻可用手工或微型揉捻机。手工揉捻在篾匾内进行，每次 2-3 锅杀青叶，采用双手在篾匾内来回推揉，来轻去重，反复轻揉，需时 1-2min。机揉投叶量以揉桶九成满为度，揉捻时间特等芽茶 0.5min，一级鲜叶 0.5-1min，二级鲜叶 1-1.5min。加压以轻压为原则，特级基本上不加压，一、二级杀青叶的揉捻中间阶段略微加轻压。

（5）一闷

揉捻叶堆放在竹篮筐内，上盖白湿布，厚度 30-40 厘米，环境温度 25-28℃，相对湿度为 65%-75%，闷黄时间为 5-6h。当叶堆温度升到 32℃ 左右时，须进行翻包，及时散热，使芽叶闷黄均匀。闷黄以芽色呈黄，清香气开始显露时为适度。

（6）一烘

采用烘干机烘焙，进风口温度达到 80-90℃ 时上叶，均匀薄摊，摊叶厚 2-3 厘米，干燥时间约 10-12min。初烘至五成干，手握感仍柔软，茶香显露为宜。

（7）二闷

二闷主要是补充第一次闷黄程度的不足，以利于继续形成黄汤特有的品质，温度一般控制在 22-28℃，相对湿度为 75%-80%，二次闷黄时间 7-8h，待叶色成微黄色，黄汤特殊闷香味渐显为止。

（8）二烘

使用烘干机烘培，进风口温度 90-100℃ 时上叶，摊叶厚约 3-4 厘米，干燥历时 8-10min，复烘至七成干，手握稍有触手感，黄汤特殊香气显露为宜。

（9）三闷

三闷主要是补充前二次闷黄程度的不足，以促进继续形成平阳黄汤特有的品质，环境温度一般控制于25-30℃，相对湿度为80%-85%，约闷黄4-6h，待叶色成嫩黄色，闷香味显露为止。

（10）三烘

采用烘干机烘焙，进风口温度达到110-120℃左右上叶，摊叶厚约4-5厘米，干燥3-4min，烘至足干时下烘。

（11）复烘复闷

视情况复烘复闷，直至完全达到平阳黄汤显著特征为止。

（12）干茶整理

下烘后要拣剔单片、梗子、茶籽等，使品质统一后每8-10斤装一箱。

2. 莫干黄芽加工技术

莫干黄芽黄茶的初制工艺有鲜叶摊青、杀青、揉捻、加温闷黄、初烘、做形、足干、干茶整理，"边烘边闷、固质挥香"特殊工艺形成了其独特品质。

（1）鲜叶采摘

莫干黄芽茶的鲜叶采摘要求严格，需保持芽叶完整、新鲜、匀净。鲜叶原料分级标准为：特一级为一芽一叶初展为主，少量一芽一叶展开（20%以下），芽叶匀齐肥壮，不带单片、紫芽、病虫叶及杂物；特二级为一芽一叶为主，少量一芽二叶初展（20%以下），芽叶完整，匀净，不含单片、紫芽、病虫叶；一级为一芽二叶初展为主（50%以上），芽叶完整，不带病叶、杂质；二级为一芽二叶为主（50%以上），芽叶完整，不带病叶、杂质。

图5.31　莫干黄芽的鲜叶采摘

图5.32　莫干黄芽的鲜叶

（2）摊放

采回鲜叶需在室内薄摊，不同茶树品种、不同等级鲜叶应在竹匾或通风槽上分别摊青，均匀薄摊；摊青失重率一般为13%-18%。

（3）杀青

杀青程度匀、透，无红梗红叶、焦叶焦边；杀青失重率一般为40%~45%；杀青后立即摊凉。

（4）揉捻

揉捻加压掌握"轻—重—轻"原则，防止芽叶断碎；特一、特二的成条率为85%~95%，其他级别成条率80%以上。

（5）加温闷黄

加温闷黄是将揉捻叶用专用清洁纯棉布包裹茶团，而后烘焙上烘闷至转黄，中途翻动透气一至两次。

图5.33　莫干黄芽的传统炒茶锅

图5.34　莫干黄芽的手工揉捻

图5.35　莫干黄芽的手工加温闷黄

图5.36　莫干黄芽的机械加温闷黄

在闷黄这一步，最传统的加工方法是炭焙闷黄，以木炭为热源，以竹烘笼（这种方法当地人也用于笋干加工）为闷黄容器，以白色纱布包裹放置在烘笼上，每半小时开包将茶包里的茶翻动抖匀，闷黄时间大约掌握在 2h 左右。现在为了加速黄茶机械化进程，利用多功能发酵机提供加热加湿功能，给黄茶提供可控的闷黄环境。

（6）初烘

初烘时闷黄叶应均匀薄摊，掌握温度先高后低。

（7）做形

烘干叶及时分筛、摊凉后理条；烘干叶含水量一般为 30%。做形可用平锅或理条机进行；二级茶可用斜锅或曲毫机成形；温度先高后低；理条程度以茶条紧结、匀整、失重率为 10%-15% 为度。

（8）足干

足干需注意理条叶适当摊放后烘干，特一、特二鲜叶制成的干茶含水量 ≤ 6.5%，一、二级制成的茶含水量 ≤ 7.0%。

（9）干茶整理

干茶整理是指干茶及时分筛、去片末，干茶碎末茶含量 ≤ 3.0%。

（五）湖北黄茶加工技术

远安鹿苑茶的加工可分为传统加工和机械加工两种。

1. 远安鹿苑茶传统加工技术

远安鹿苑茶炒制工艺为鲜叶采摘、摊放、杀青、初闷、炒二青、闷堆、拣剔、炒干。炒制过程中无独立的揉茶工序，而是在炒干过程中在锅内完成做形的。在传统加工过程中，火候高低的把握、炒制动作力度频度和运动方向、闷堆时间长短等方面都对鹿苑茶特有品质形成起重要作用。

（1）鲜叶采摘

鹿苑茶一般在清明前后 15 天采摘，习惯上午采茶，下午将大的芽叶折短，称之为短茶。鲜叶采摘的标准是一芽一叶或一芽二叶，短折的标准是以一芽一

图5.37 远安鹿苑茶的鲜叶

图5.38 远安鹿苑茶的鲜叶折短

叶初展为宜。

（2）摊放

采用簸箕、晒席或晾架等专用设备摊放鲜叶，摊放厚度不超过5厘米，需摊放5~10h。摊放过程中适当轻翻，达到柔软叶质，显露清香的目的。

（3）杀青

炒锅要求洗净磨光。锅温160℃左右，杀青过程中锅温由160℃逐渐下降到140℃，每锅投叶量1~1.5kg。杀青时需快抖散气，抖闷结合，采用顺时针或逆时针螺旋手势杀青，结合"推、压、抖、

图5.39　远安鹿苑茶的鲜叶摊放

图5.40　远安黄茶手工作坊

磨"等多种手法，耗时 6min 左右。炒至杀青叶略焦边，香气明显，含水量下降至 45%-50% 为适度。

（4）初闷

采用簸箕或晒席，将下锅后的杀青叶趁热初闷，堆高 15-20 厘米，初闷时间在 15-20min。初闷后加工叶手握成团，色泽暗绿。

（5）炒二青

二炒的锅温 100℃左右，投入杀青叶 1.5kg，适当抖炒散气，并开始整形搓条。但需轻搓、少搓，动作稍缓，以防产生黑条，时间在 15min 左右，达到初步形成"环子脚"外形，促进香气挥发，同时使含水量下降至 30%-35% 的目的。

（6）闷堆

茶坯趁热堆积在簸箕内，拍紧压实，上盖湿布。环境温度一般控制在 25-30℃，历时 5-6h，期间翻堆 1-2 次，以促进变黄、变香。闷堆后的茶坯茶条呈谷黄色，并散发清香味。

（7）拣剔

主要是剔出扁平、团块茶和花杂叶，以提高鹿苑茶的净度和匀度。

（8）炒干

锅温 80℃左右，温度"先低后高"，投叶量为 2kg 左右。炒到茶条受热回松后，继续搓条整形，运用螺旋手势，慢翻轻推，后期升温，进一步形成"环子脚"外形，并产生均匀"鱼子泡"，但不焦叶，同时含水量进一步降至 4%-6%。约炒制 30min，达到足干后起锅摊凉，

图 5.41 远安鹿苑茶的鲜叶杀青

图 5.42 远安黄茶的闷黄

图 5.43 远安黄茶的拣剔

包装贮藏。

2.远安鹿苑茶机械加工技术

远安鹿苑茶机械加工技术主要包括鲜叶采摘、摊青、杀青、揉捻、解块、初炒（烘）、闷黄、做形和提香几个步骤。其中，鲜叶采摘标准与传统加工技术相同。

（1）摊放

采用簸箕、晒席或晾架等专用设备摊放鲜叶，摊放厚度不超过 5 厘米，需摊放 5-10h。摊放过程中适当轻翻，但需避免机械损伤，达到柔软叶质，显露清香的目的。

（2）杀青

采用滚筒、高热风或电磁方式杀青。不同杀青机控制的杀青温度不同，采用 80 型滚筒一般温度控制在 280-300℃，80 型高热风杀青机热风温度为 300-320℃左右，80 型电磁杀青机温度保持在 270-280℃。杀青时需控制投叶量及杀青时间，以杀匀杀透、杀青叶略焦边，香气明显，杀青叶含水量降至 55%-60% 为适度。

（3）揉捻

杀青叶冷却回潮后，采用揉捻机按"轻—重—轻"的原则揉捻，至叶片卷成条索状，要求成条率 85% 以上。

（4）解块

采用解块机或热风解块机作业，热风温度一般控制在 150-160℃，以茶坯团块散开成条为适度。

（5）初炒（烘）

选用曲毫机、滚筒或烘干机进行初炒（烘）。50 型曲毫机温度一般控制在 150-170℃，80 型滚筒滚筒壁面温度保持在 100-120℃，链板式烘干机干燥温度控制于 110-120℃。与杀青类似，初炒或初烘过程需控制投叶量和干燥时间等条件，茶坯含水量下降到 30%-35% 时，及时下机。

（6）闷黄

技术要点同传统加工技术。

（7）做形

采用曲毫机做形，温度控制在 150-170℃，控制投叶量和时间等条件，转速"先快后慢"，以"环子脚"明显，有"鱼子泡"产生但不焦叶，泡点均匀，茶坯含水量下降至 10%-12% 时，及时下机摊凉回潮。

（8）提香

使用曲毫机或提香机进行提香，曲毫机温度控制在 130-150℃，而选用提香机则调控在 100-120℃左右，控制投叶量和时间等条件，使茶叶含水量进一步下降至 4%-6%，栗香显露。

（六）江西黄茶加工技术

1.盈科泉黄芽加工技术

盈科泉黄芽加工工序包括：鲜叶采摘、摊放、杀青、回潮、初揉、初烘、初闷、二烘、二闷、烘闷、提香、拣剔。

（1）鲜叶采摘

采摘单芽至一芽一叶初展，芽叶匀齐。

（2）摊放

鲜叶采回后，薄摊，需摊放适度，约需3-4h。

（3）杀青

可以手工杀青或机械杀青。手工杀青时，锅温控制在150-180℃左右，投叶量一般为200-300g，杀青时间约6min。滚筒杀青机的杀青温度200-250℃左右，杀青时间2-3min。

（4）回潮

杀青叶快速吹风冷却，然后收拢归堆回潮。回潮约需30min，待芽叶变软即可。

（5）揉捻

以手工揉捻或机械揉捻，整体要求轻揉，略微少量破坏叶细胞，以保证适当的茶汤浓度。

（6）初烘

采用烘干机进行初烘，温度一般为110-120℃。烘至稍有刺手感，约七成干时，下烘。

（7）初闷

初烘后的茶叶趁热摊放于竹筐或团簸内，堆高30-40厘米，上盖湿棉布，闷3-4h，中间翻拌一次。

（8）二烘

采用烘干机进行二烘，温度一般为90-100℃。烘至约八成干左右，下烘。

（9）二闷

二烘后的茶叶趁热摊放于竹筐或团簸内，堆高50-60厘米，上盖湿棉布，闷3-4h，中间翻拌一次。

（10）烘闷

烘闷是进一步弥补前面闷黄的不足，视茶叶闷黄的程度来决定烘闷的操作方式。以提香机进行烘闷，烘温设置在40-60℃，叶厚3-10厘米，烘时30-60min。

（11）提香

烘闷适度的茶叶摊凉后，即可进行提香。叶厚2-4厘米，以90℃烘10-15min。

（12）拣剔

提香后的茶叶进行简单风选、拣剔，即可包装入库。

2. 盈科泉黄大茶加工技术

盈科泉黄大茶加工技术主要包括鲜叶采摘、摊放、杀青、揉捻、初烘、烘闷和足烘。

（1）鲜叶采摘

盈科泉黄大茶的鲜叶采摘标准为一芽三、四叶。

（2）摊放

采回的鲜叶及时摊放，叶层适当摊厚些，并每小时翻拌一次。约需摊放3-4h，摊放适度后需及时加工。

（3）杀青

因盈科泉黄大茶的芽叶比较大，含水量相对较低。为保证杀透杀匀，可采用炒干机或复干机进行杀青，适当加大投叶量，杀青温度200-225℃，投叶量

5-10kg，杀青时间 6-10min。

（4）揉捻

杀青叶摊凉后回潮，然后进行揉捻。以轻揉为主，但需让大部分叶片卷缩成条为准。

（5）初烘

采用烘干机进行初烘，温度一般为 110-120℃。烘至稍有刺手感，约七成干。

（6）烘闷

采用烘干机进行烘闷。烘闷叶堆积厚度 10-15 厘米，烘温 60℃；烘 20min 后，将茶叶翻拌一次，然后继续烘闷 40min。

（7）足烘

烘闷叶摊凉冷却后，进行足烘。烘闷叶堆积厚度 10-15 厘米，烘温 80-90℃，烘 30-40min。足烘叶冷却后，略加拣剔，即可包装入库。

（七）广东黄茶加工技术

广东大叶青属于黄大茶，初制工艺分为摊放、杀青、揉捻、闷黄、干燥等五个工序。

1. 鲜叶采摘

广东大叶青以大叶种茶树的鲜叶为原料，采摘标准为一芽三、四叶。

2. 摊放

将鲜叶均匀薄摊于干净的竹帘上，每平方米摊叶 1kg 左右，一般 4-10h 即可完成摊放。也可置于萎凋槽鼓风摊放，摊放叶层厚 15-20 厘米，春季低温季节可加温，摊放时间约 6-7h，夏秋季节气温高时摊放时间约 3-4h。摊放适度时，叶子失去光泽，叶色由鲜绿转变为暗绿，但叶片不显皱纹，大部分茶梗折之不易脆断。

3. 杀青

广东大叶青可以采用手工杀青或机械杀青。手工杀青时，当锅温加热到 200℃以上即可投叶杀青，先将叶子抖散，并使叶子在锅中均匀翻拌受热。当叶温上升并产生大量水汽，触叶已十分烫手时，改用竹制炒手进行扬炒，抛高叶子散发水气，接着进行闷炒，继之以扬闷炒交替进行，将快出叶时，要降低锅温，以避免产生焦芽焦叶。机械杀青时，当 58 型双锅杀青机锅温上升到 220-240℃方可投叶，每锅投叶量为 7.5-8.5kg。投叶后，先扬炒 1-2min，再闷炒 1min 左右，扬闷结合进行。锅温应先高后逐渐降低些，杀青时间一般要 8-12min 内完成。

当叶色失去原来光泽，变成暗绿色，茶梗嫩茎折而不断，以手握之能成团不松散，有黏性，略为刺手，青草气消退，略有茶香，即杀青适度。将杀青叶快速起锅，迅速抖散摊凉。

4. 揉捻

投叶量通常在轻压后占揉桶容量的三分之二为宜，要保持芽锋完美和显毫，揉捻加压时，采取轻－中－轻方式，一般不宜加重压，宜多次轻压，全程揉时40 min 左右。待芽叶保持完整，条索紧结粗壮，叶细胞组织破坏率在 60% 左右时，揉捻适当。

5. 闷黄

经过解块的揉捻叶，盛于竹筐或发酵盒中，放置在室内避风而湿度大的地方进行闷黄。闷黄叶的厚度一般以15-20 厘米为宜，闷黄时间视气温变化而不同；如室温在 25℃ 以下，可以增加叶层厚度或提高温度，需 4-5h 完成闷黄；当室温在 28℃ 以上时，闷黄时间需 2.5-3.5h。闷黄适度时，茶叶发出浓郁的香气，青草气消失，叶色转为黄绿而显光泽。

6. 干燥

干燥采用烘干，第一次干燥（毛火）温度掌握在 110-115℃，手捏茶条柔软不黏手（约七成左右干），摊凉 1h 后进行第二次干燥（足火），温度控制在 90-95℃，以手捏茶梗即断，呈硬脆状，有触手感，毛茶含水量 6% 左右为干燥适度。

（八）其他黄茶加工技术

1. 沂蒙黄茶加工技术

沂蒙黄茶是以山东临沂境内的优质茶树鲜叶为原料，按照鲜叶采摘、摊晾、杀青、揉捻、初烘、闷黄、复烘加工而成。其品质具有茶汤纯黄、汤色透明鲜亮、滋味醇厚甜爽、耐冲泡、高火香的品质特征。

（1）鲜叶采摘

鲜叶的采摘标准关系着茶制品的质量和等级，一般按加工要求采摘，鲜叶质量要求无红变、无异味、无污染、无杂质、无病虫危害，用于同批次加工的鲜叶，其嫩度、匀度、净度、新鲜度应基本一致。采用提采的方式采摘，并保持芽叶完整、匀净，不夹带鳞片、茶果与老枝叶。沂蒙黄茶按照鲜叶采摘标准可分为沂蒙黄芽茶（单芽、一芽一叶初展至一芽一叶，一芽一叶初展 70% 以上）、沂蒙黄小茶（一芽一叶至一芽二叶初展为主，含一芽一叶 60%）和沂蒙黄大茶（一芽二叶至一芽三、四、五叶和同等嫩度的对夹叶）。

（2）摊放

鲜叶到加工厂后，立即摊晾在摊晾架上，厚度不超过 5 厘米，摊放 6-8h，中间可轻翻轻拌，当鲜叶含水量达到 68%-70% 开始透发清香时，即可进入杀青阶段。未经摊放处理的黄茶黄变不充分，香气较低，有涩味，适度摊晾有利于黄茶品质的形成，黄茶色泽、香气、滋味均较好。

（3）杀青

运用电炒锅或滚筒杀青机、微波杀青机进行杀青，杀青锅温较绿茶锅温低，一般在 120-150℃，杀青过程先高后低（80℃），5 分钟之内完成。杀青采用多闷少抖，以营造高温湿热的条件，使叶绿素受到较多破坏，多酚氧化酶、过氧化物酶失活，多酚类化合物在湿热条件下发生氧化和异构化，为形成黄茶醇厚滋味及色泽黄变创造条件。炒到芽蒂萎软，青气消失，发出茶香，减重率达30%左右时即可起锅。

（4）揉捻与理条

黄芽茶可不揉捻，黄小茶和黄大茶可采用轻揉的方法，以使茶汁溢出，增强叶片的柔软性、可塑性及黏性，利于成形。但揉捻力度过大易破坏叶片的完整性，同时茶汁过多易产生水闷味和涩味，降低茶叶品质。揉捻后运用多功能理条机或手工炒干机理条。

（5）初烘

使用烘笼烘焙，温度应控制在120℃左右，每隔2-3min翻烘一次。烘30min，到七八成干，有刺手感觉，折之梗皮连，即为适度。下烘后摊放2-3min。

（6）闷黄

闷黄是形成黄茶品质的关键工序，对黄茶的黄汤、黄叶和醇厚鲜爽滋味品质的形成至关重要。沂蒙黄茶加工采取湿坯闷黄和干坯闷黄相结合，湿坯闷黄结合杀青进行，采用多闷少抖的方法趁热堆积，杀青时间增加1-2min促使茶坯在湿热条件下闷黄；干坯闷黄要求堆温45-50℃，空气湿度30%-50%，茶叶含水量20%-30%，干坯闷黄由于水分少，变化较慢，堆闷时间一般要求48-72h。也可采取初烘至六七成干，初闷48h后复烘至八成干，再进行复闷24h以达到

黄变要求。

（7）复烘

沂蒙黄茶足火复烘可分拉小火和拉老火两个阶段。拉小火温度控制在100℃左右，隔5-7min翻拌一次，烘至九成干，大约30min，即可下烘摊晾3-5h，再行拉老火。拉老火温度控制于130-150℃，干燥时勤翻、匀翻、轻翻。历时约40-60min烘至足干，茶梗折之即断，茶叶手捻即成粉末，梗心起泡呈菊花状，金黄色，梗有光泽，并发出浓郁的高火香，即完成沂蒙黄茶加工。

2. 海马宫茶加工技术

海马宫茶，是贵州省大方县的地方名茶，具有200多年的历史，采制工艺特殊，茶叶品质独具一格。海马宫茶加工主要分杀青、初揉、团渥、二炒初揉、摊凉、三炒复揉、烘干几步。

（1）杀青

使用锅径35-50厘米平底锅，锅温140℃左右，投叶量约700g。杀匀杀透，当叶面光泽消失，茶香显露时及时起锅。

（2）初揉

杀青叶起锅后趁热初揉。

（3）团渥

将揉捻叶捏成小团，用干净白布包裹好，放在盆内，压紧渥堆24h，揉捻叶在渥堆的湿热条件作用下，形成了海马宫茶别具一格的品质风格。

（4）二炒揉捻

一般情况下，二炒锅温控制在50℃

左右，时间 7min。然后立即揉捻，约 6min，以达到揉紧条索、蒸发水分、增进香气的目的。

（5）摊凉

揉捻叶及时解团摊凉，摊凉 17h 左右。

（6）三炒复揉

三炒温度较二炒略低，锅温一般控制在 40℃，耗时 7min。然后再复揉 6min 左右，进一步降低加工叶含水量，促进芽叶卷紧成条。

（7）烘干

在灶上进行烘干，采用文火慢烘，干燥时间长达 10h 以上，以进一步降低含水量达到足干，促进海马宫茶香高味醇品质的形成。

第六篇
茶之功

　　黄茶含有不同的营养成分和功能活性成分，这些成分赋予了黄茶具有营养作用和保健功能。不同的成分含量不一，且功能不一。黄茶因独特的加工工艺，使其成分的含量明显区别于其他茶类，从而形成了黄茶独有的品质风味与保健功能。随着对黄茶研究的逐步深入，人们对黄茶的保健功能会有更多的发现。

茶，之所以称为"健康之饮"，是因为其含有诸多的营养物质和功能性成分。黄茶是我国独有的茶类，不仅外形美，在营养和药理成分方面也有着独特的地方。

一、黄茶的营养成分

茶的内含成分丰富，已分离鉴定出的物质有700余种，含有人体维持生命所需的6大类营养素。

蛋白质和氨基酸：黄茶中难溶于水的谷蛋白占蛋白质总量的80%，还有约20%的白蛋白、球蛋白、清蛋白。黄茶中可溶于水的蛋白质虽仅有1%-2%，但对茶汤的营养仍有一定的作用。黄茶中游离氨基酸含量可达2%-4%，以茶氨酸、谷氨酸、天门冬氨酸的含量较高，尤以茶氨酸含量最高。

碳水化合物：黄茶中糖类约占茶叶干重质量的20%-25%，包括淀粉、果胶、半纤维素、纤维素等；其中以纤维素含量最高，约占干物质的10%-18%。尽管黄茶中糖含量较高，但能溶于水的糖类只有4%-5%，所以黄茶属于低糖饮料，适于糖尿病及其他忌糖病人饮用。

脂类化合物：黄茶中脂类化合物含量约占干物质的10%，主要包括脂肪、磷脂、糖脂等，其中不饱和脂肪酸含量超过50%。

维生素：黄茶中含有丰富的维生素，分为水溶性维生素和脂溶性维生素两类。其中水溶性维生素主要有B族维生素和维生素C。虽然在加工中会损失一部分维生素C，但黄茶的干茶中仍含有丰富的维生素C。

矿物质：黄茶中的矿物质总量达40多种，约占茶叶干重的4%-7%。黄茶中的矿物质中以磷、钾的含量最高，其次为钙、镁、铁、锰、铝，微量成分有铜、锌、钠、硫、氟、硒等。

二、黄茶的功能成分

茶有"理头痛、饮消食、令不眠"之功效;"茶即药也,煎服则去滞而化食,以汤点之,则反滞膈而损脾胃"。茶被利用是始于药用,很多历史古籍中都记载了茶的药用价值和饮茶健身的论述。黄茶中含有丰富的营养成分和保健成分,这些营养成分是人体正常的生长发育所必需的,保健成分可以帮助防治某些疾病。黄茶含茶多酚、茶氨酸、维生素、茶多糖、咖啡碱、芳香物质、色素、矿物质元素等多种营养保健成分。现将黄茶中最重要的几种功能成分介绍如下(表6.1):

表6.1　黄茶的功能成分及其保健功效

成分种类	成分组成	功效
茶多酚及其氧化产物	儿茶素、黄酮、黄酮醇类;花青素、花白素;酚酸及缩酚酸;茶黄素、茶红素	抗氧化、清除自由基、抗癌、杀菌、抗病毒、抗辐射、降血压、降血糖、增强免疫力等
氨基酸	茶氨酸	镇静、消除疲劳、抗癌、抗衰老、抗辐射
茶多糖	一类组成复杂的混合物	降血糖、降血脂、抗辐射、调节血压、抗凝血及血栓、增强免疫功能、抗衰老
生物碱	咖啡碱	提神、强心、利尿、抗癌、降脂
维生素	维生素A、D、C、B_1、B_2、E、肌醇	维持人体新陈代谢
矿物质元素	氟、硒	氟:预防龋齿、防治骨质疏松 硒:提高免疫力、预防癌症

(一) 茶多酚

茶鲜叶中含有20%-30%的茶多酚,茶多酚制成黄茶后大部分保留。茶多酚总量占干物质的17%以上,闷黄时间短的比时间长的保留量更多。黄茶中茶多酚由黄烷醇类(儿茶素类)、黄酮类和黄酮醇类、4-羟基黄烷醇类(茶白素类)、花青素类、酚酸和缩酚酸类组成,其主要保健功能如下:

1. 杀菌

茶多酚对肠道致病菌、百日咳菌、霍乱菌等有抑制和杀伤作用，对黄色葡萄球菌的 α - 毒素、霍乱溶血毒素等都有抗毒素的作用。茶多酚还可抑制口腔中的蛀牙菌，经常饮茶或用茶水漱口，可以预防蛀牙。

2. 抗病毒

茶多酚能抗流感病毒、肠胃炎病毒，经常饮茶能预防流感和肠胃炎。茶多酚能抵御艾滋病毒。CD4 细胞是人体最重要的免疫细胞；艾滋病毒会附着在 CD4 细胞上，使得病毒进入 CD4 细胞并感染它。艾滋病毒不断复制，CD4 细胞最终被破坏殆尽。茶多酚中的 EGCG 分子能先于艾滋病毒与受体分子结合，附着于 CD4 受体分子上，"封堵"通道，使艾滋病毒无法侵入，从而防止艾滋病毒在人体内扩散。

3. 抗氧化

环境与生理等因素会导致人体内产生很多自由基，导致诱发脂质过氧化、蛋白质氧化聚合和 DNA 损伤等，使人体衰老加快或产生系列疾病。而茶多酚具有很强的抗氧化作用，可以清除自由基，络合金属离子，抑制氧化酶的活性，提高抗氧化酶活性，或与其他抗氧化剂（如维生素 C、维生素 E 等）有协同增效作用，可以维持体内抗氧化剂浓度等。

4. 抑制动脉硬化

茶多酚（包括茶多酚的氧化聚合物）能抑制血浆中低密度脂蛋白（LDL）胆固醇浓度的上升，降低血液中脂质的浓度。其作用机理是抑制消化系统对胆固醇的吸收，促进体内脂质、胆固醇的排泄。同时茶多酚还能抑制血小板凝集，降低血液浓度，防止血栓形成。

5. 防癌抗癌

癌症是危害人类健康的重要疾病之一。茶多酚具有防癌抗癌作用，主要可以分解消除致癌物的作用，抑制基因突变，抑制癌细胞增殖，阻止癌细胞转移，诱导癌细胞的凋亡。

6. 降血压

人体内有一种名为血管紧张素转换酶（ACE），能升高血压。治疗高血压的药物中有许多是 ACE 抑制剂，能抑制血管紧张素转换酶的活性，减少血管紧张素 II 的生成，从而降低血管外周阻力，达到降压的目的。而茶多酚对 ACE 有同样的抑制作用，且无副作用。

7. 降血糖

当前治疗糖尿病的方法：一是增加体内的胰岛素，促进血糖代谢，降低血糖浓度；二是抑制体内的淀粉酶、蔗糖酶的活性，使人体内的淀粉、多糖难以消化吸收，直接排出体外。而茶多酚可抑制人体内的淀粉酶、蔗糖酶的活性，从而产生降血糖的功能。

8. 抗过敏

人体受到过敏物质（如花粉、油漆、药物、某些鱼、虾食品等）的刺激后，会产生相应抗体，释放某些化学物质抵御，发生抗原抗体反应。若反应过度，则形成过敏反应，发生皮肤红肿、瘙痒、斑块、咳嗽等。而茶多酚能抑制致敏细胞释放组胺，从而抗过敏。

9. 解重金属的毒性

很多重金属如砷、铅、汞等对人体健康有害，重金属的过量摄入和积蓄，会导致胃、肠、肝、肾等器官的疾病。茶多酚对多种重金属离子具有络合、还原等作用，能减轻重金属的危害。

10. 抗辐射

辐射使人体血液中白细胞减少，免疫力下降。茶多酚可减轻辐射损伤，促进受损免疫细胞和白细胞的恢复。

11. 除口臭

茶多酚与引起口臭的多种化合物起化学反应，产生无挥发性产物，从而消除口臭。

（二）茶氨酸

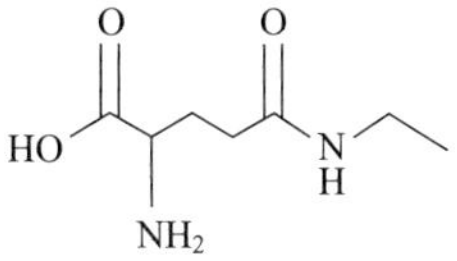

黄茶中的游离氨基酸含量高，种类多，已发现有 20 多种。大部分氨基酸是组成蛋白质的组分，因此饮茶可以

图6.1　茶氨酸分子结构式

获得一定量的氨基酸,补充营养。在游离氨基酸中,茶氨酸含量最多,其保健功能明显。下面介绍茶氨酸的功能:

1. 提高脑神经传达能力

帕金森症和神经分裂症的起因,是因为病人的脑部缺乏多巴胺。茶氨酸可使脑内神经传达物质多巴胺增加,提高脑神经传达能力。

2. 保护神经细胞

老年人易发生脑血栓等脑障碍性病变,常导致缺血敏感区的神经细胞死亡,最终引发老年性智力衰退。神经细胞的死亡与谷氨酸有关。谷氨酸过多会出现细胞死亡,茶氨酸与谷氨酸结构相近,会竞争结合部位,从而抑制神经细胞凋亡,保护神经细胞。茶氨酸可用于脑血栓、脑出血中风、老年性智力衰退等疾病的预防与辅助治疗。

3. 提高记忆力

茶氨酸有提高记忆力的作用,这与茶氨酸能调节脑部神经传达物质的代谢和释放有关。

4. 降低血压

茶氨酸有使高血压病人降低血压的作用。

5. 减肥、护肝、抗氧化

茶氨酸能减肥,降低腹腔脂肪以及血液和肝脏中脂肪及胆固醇的浓度,还有护肝、抗氧化等作用。

6. 增强抗癌药物疗效

茶氨酸能提高药物在肿瘤细胞中的浓度,从而增强抗癌效果,减少抗肿瘤药的副作用,提高血液白细胞和骨髓细胞的数量,抑制癌细胞浸润,减缓癌细胞的扩散。

7. 增强免疫功能

茶氨酸在人体肝脏内分解出乙胺,而乙胺又能调动人体血液免疫细胞,促进干扰素的分泌,从而提高抵御外界侵害的能力。

（三）咖啡碱

咖啡碱属于甲基黄嘌呤的生物碱，其主要生物活性有：

1. 兴奋中枢神经

咖啡碱主要作用于大脑皮质，使人精神振奋，工作效率和精确度提高，睡意消失，疲乏减轻。

2. 助消化，利尿

咖啡碱可以通过刺激肠胃，促使胃液分泌，增进食欲，帮助消化。同时咖啡碱有强心、利尿作用，能刺激肾脏使酒精从尿液中迅速排出。

3. 强心解痉，松弛平滑肌

咖啡碱具有松弛平滑肌的功效，从而可使冠状动脉松弛，促进血液循环。因而在心绞痛和心肌梗塞的治疗中，茶为辅助饮料。

4. 影响人体代谢作用

咖啡碱促进机体代谢，使循环中儿茶酚胺含量提高，拮抗由腺嘌呤引起脂肪分解的抑制作用，使血清中游离脂肪酸较正常水平升高 50%-100%。

5. 消毒灭菌，抵御疾病

咖啡碱本身有灭菌及病毒灭活功能。茶中咖啡碱对大肠杆菌、伤寒及副伤寒杆菌、肺炎菌、流行性霍乱和痢疾原菌的发育，都有抑制功能，特别对牛痘、单纯性疱疹、脊髓灰质炎病毒、某些柯萨克肠道系病毒及埃柯病毒的活性有抑制效果。

咖啡碱还具有抗氧化、抗癌变、抗过敏、消除羟基自由基、提高记忆力等多种功效。

（四）维生素

维生素参与人体中许多生理代谢过程，需要量虽小，但对人体健康却关系极大，因此它是维持生命必不可少的一类营养素。茶叶中含有丰富的维生素类，其含量占干物质总量的 0.6%-1%。维生素类分水溶性和脂溶性两类。脂溶性维生素有维生素 A、维生素 D、维生素 E 和维生素 K 等。由于饮茶通常主要是采用冲泡饮汤的形式，所以脂溶性的维生素几乎不能溶出而难以被人体吸收。水溶性维生素有维生素 C、维生素 B_1、维生素 B_2、维生素 B_6、维生素 B_{12}、维生素 P 和肌醇等，其中维生素 C 含量最多。

维生素 C 呈酸性，故也称抗坏血酸，可治疗坏血病。它在人体内参加氧化还原反应，是机体内一些氧化还原酶的辅酶，是递氢体；它还参与促进胶原蛋白和黏多糖的合成。

维生素 C 的功效有：增强免疫力，预防感冒，促进铁的吸收，防癌，抗衰老，抗炎，抗感染，抗毒，抗过敏，治贫血，降胆固醇，防色素沉着，预防色斑生成等。

冲泡芽叶型黄茶时，欲保留茶汤中较多的维生素 C，泡茶水温不宜过高，且泡茶时间不宜过长。

（五）茶多糖

黄茶中含茶多糖，茶多糖对于人体主要有以下功效：

1. 抗凝血及抗血栓
茶多糖在体内、体外均有显著的抗凝作用，并减少血小板数，延长血凝从而影响血栓的形成。茶多糖还能提高纤维蛋白溶解的活力。

2. 降血糖
口服或腹腔注射茶多糖，都有降血糖效果，其机制是增强胰岛素的功能。此外，茶多糖与促胰岛素分泌药物一起使用，能增强药物的降血糖效果。在中日民间，就有用粗老茶治疗糖尿病的经验。用低于 50℃ 的温水泡茶，茶汤中茶多糖含量较高，对降血糖有效。

3. 增强机体免疫
茶多糖可增强机体免疫功能，可激活巨噬细胞，激活网状内皮系统，激活 T 和 B 的淋巴细胞，激活补体，促进各种细胞因子（干扰素、白细胞介质、肿瘤坏死因子）的生成。

4. 降血脂
低密度脂蛋白胆固醇能使胆固醇进入血管引起动脉粥样硬化，而茶多糖可降低血清中低密度脂蛋白胆固醇。茶多糖还能与脂蛋白酯酶结合，促进动脉壁脂蛋白酯酶入血来抗动脉粥样硬化。

5.抗癌、抗氧化

茶多糖不仅能激活巨噬细胞等免疫细胞，而且茶多糖是细胞膜的成分，能强化正常细胞抵御致癌物侵袭，提高机体抗病能力。茶多糖对超氧自由基和羟自由基等有显著清除作用，一定浓度的茶多糖对抗氧化酶活性有一定提高。

6.防辐射

茶多糖有明显的抗放射性伤害，保护造血功能的作用。试验发现，小鼠通过 γ 射线照射后，服用茶多糖可以保持血色素平稳，红血球下降幅度减少，血小板的变化也趋于正常。

三、黄茶的保健功能

闷黄赋予了黄茶与众不同的品质特征，也赋予了黄茶具有与其他茶类不同的成分种类与含量，更赋予了黄茶独特的保健功效。

（一）黄茶抗癌功效

茶的抗癌功效已得到医学界的公认，它能够抗氧化、抑制癌基因表达、诱导癌细胞凋亡、抑制癌细胞增殖等。已有研究证实黄茶具有较强的体外抗癌效果，对 AGS 胃癌细胞和 HT-29 结肠癌细胞的增殖均具有很强的抑制效果。黄茶中的 EGCG 可阻止癌细胞 DNA 的合成，从而抑制癌细胞的赘生和非整倍性扩增，还可抑制端粒酶，使端粒变短，从而导致癌细胞衰老。闷黄影响了黄茶的生物活性成分，可能就是黄茶具有更强的抗氧化和抗癌作用的原因。

（二）黄茶降血糖功效

黄茶富含茶多糖、茶多酚，能有效稳定糖耐受量和降低血糖浓度，对 α - 淀粉酶有较强的抑制作用，从而调节胰岛素代谢，降低血糖，预防糖尿病发生，并改善糖尿病的症状。黄大茶具有显著的降血糖功效，这可能与早期抑制小鼠肝脏中硫氧还蛋白互作蛋白（Txnip）表达有关。

膳食中补充黄大茶水提取物，可显著减少 II 型糖尿病小鼠的水摄入量和食物消耗量，降低血清总胆固醇、低密度脂蛋白胆固醇和甘油三酯水平，并显著降低血糖水平和增加葡萄糖耐量。黄大茶的膳食补充还可以防止脂肪肝的形成，恢复 II 型糖尿病小鼠的正常肝脏结构。此外，黄大茶膳食补充剂还可明显降低与脂质合成相关的基因的表达，而脂质分解代谢基因在 II 型糖尿病小鼠的肝脏中没有改变。这项研究证实，膳食补充剂黄大茶有潜力成为改善 II 型糖尿病相关症状的食品添加剂。

因焙炒后黄大茶中 GCG 的含量增加了约 5 倍，而 EGCG 减少了 56.6%，但 GCG 对 α - 葡萄糖苷酶的抑制作用高于 EGCG。因此焙炒的黄大茶浸提液对 α - 葡萄糖苷酶的抑制作用更为显著，可以更加有效地调节餐后血糖。君山银针茶的水提物可改善机体葡萄糖的吸收，抑制糖异生以及抑制脂肪的生成和堆积，增强机体的能量消耗，改善胰岛素抵抗内环境，达到降低糖尿病大鼠血糖水平，调节机体内糖脂代谢平衡和修复胰岛素抵抗状态的功效。

（三）黄茶降脂功效

饮用君山银针茶可调节肝脏脂质代谢相关基因的表达，从而抑制脂质合成、促进脂质分解、增加能量消耗，达到调节血脂水平的功效。君山银针茶还可以显著降低小鼠体重、肝细胞脂肪颗粒、肝体以及肝组织中 MDA（丙二醛）含量，极显著提高肝组织中 GSH-Px（谷胱甘肽过氧化物酶）和 SOD（超氧化物歧化酶）活性，并减轻肝脏的脂肪变性程度，证实君山银针茶有较明显的降血脂和改善肝组织脂肪性损伤的作用。

黄大茶具有明显的降脂作用。黄大茶热水提取物能显著降低高脂小鼠体重、肝重和脂肪组织重量，降低血清胰岛素和瘦素水平，提高血清脂联素水平。黄大茶热水提取物还可以降低血糖、TC、TG、LDL-C 和 HDL-C，改善血糖不耐受和胰岛素抵抗。

黄茶的提取物对激活过氧化物酶体增殖物激活受体 γ 和受体 δ 有较为明显的

活性，从而改善糖脂代谢。在不增加食物摄入的情况下，黄茶能有效地逆转高脂肪饮食导致血糖升高和肝脏 TXNIP 蛋白的快速增强这一过程，因而黄茶可有效保护肝脏。

（四）黄茶助消化功效

黄茶茶性温和，茶汤不刺激肠胃，长期饮用还可起到养胃、护胃的功效，还对改善消化不良、食欲不振等有良好的效果。

（五）黄茶抗氧化功效

黄茶提取物对体外氧化损伤具有很强的保护作用。黄茶的水提取物和乙醇提取物在抗自由基和抗氧化活性方面均比较强，并且对脂质氧化具有强抑制作用。

（六）黄茶抗菌功效

黄茶的抗菌活性较强，对大肠杆菌、金黄色葡萄球菌、枯草芽孢杆菌、蜡样芽孢杆菌均有抑制作用，且其抑制作用与其茶多酚浓度呈正相关。

（七）黄茶其他功效

1. 养胃
黄茶具有抗炎作用，能明显减轻胃损伤程度。高浓度的黄茶比低浓度的黄茶能更大程度上降低血清促炎症细胞因子的水平。

2. 防霾
饮用黄茶能够抵御人体呼吸系统对空气中有害物质的吸收，黄茶中的多酚类物质可以络合有害的重金属将其排出体外，减轻雾霾对人体呼吸系统的伤害。通过抗菌、抗病毒作用，黄茶也可以有效缓解雾霾引起的咽部痛痒等呼吸道感染症状。

3. 抗衰老
黄茶能有效抑制细胞内毒性羰基的形成，避免毒性羰基对细胞内功能成分的"绞杀"，减少老年色素物质的生成，有效延缓细胞衰老，从而延缓人体衰老。

4. 防辐射

黄茶具有典型的高锰低铁特征，含锰量是普通食物的几十倍，含有丰富的抗辐射、抗氧化元素组合，对紫外线与电磁辐射下的细胞具有明显的保护作用，可以有效抵御紫外线与电磁辐射损伤。

5. 降酸防痛风

在饮食控制的基础上多喝黄茶，能促进尿酸排泄，从而减轻、防止痛风发作或减轻痛风病发作时的症状。

图6.2　中国黄茶健康价值研究成果新闻发布会

图6.3　刘仲华教授宣布有关岳阳黄茶保健功效的重大科研成果

第七篇
黄茶之鉴

黄茶的种类较多，且同一产品还存在不同的等级。要分辨不同黄茶产品的品质，就需要了解黄茶的审评知识，从黄茶的外形、汤色、香气、滋味、叶底等方面来全面综合评判。生活中，还需要了解如何挑选黄茶产品，购买后还需考虑如何进行储存。

一、黄茶审评

（一）黄茶审评条件

黄茶感官品质可以通过人的嗅觉、味觉、视觉和触觉等感觉来评定。而感官评茶是否准确，与评茶员所具有的敏锐的感官审评能力，以及良好的环境条件、设备条件和有序的评茶方法直接相关。

1. 审评室的要求

审评室要求光线均匀、充足，避免阳光直射。审评室应背南朝北，窗户宽敞，不装有色玻璃。北面透射的光线早晚都较均匀，变化较小。审评室内外不能有异色反光和遮挡光线的障碍物。为了改善室内光线，墙壁、天花板及家具均漆成白色。审评室要求干燥清洁，最好是恒温 (20℃ ±5℃)、恒湿 (相对湿度 70% ±5%)。审评室最好与贮茶室相连，避免与生化分析室、生产资料仓库、食堂、卫生间等异味场所相距太近，也要远离歌厅、闹市，确保宁静。室内严禁吸烟，地面不要打蜡，评茶员不化妆，以免影响评茶的准确性。

审评室内设有干评台、湿评台、样茶柜架等设备。

（1）干评台

审评室内靠窗口处设置干评台，用以放置样茶罐、样茶盘，用以审评茶叶外形的形态与色泽。干评台的高度一般为 80-90cm，宽 60-75cm，长短视审评室及具体需要而定，台面为黑色哑光。干评台工作面光线照度要求约 1000lx，湿评台面照度不低于 750lx。评茶台的正上方，可安装模拟日光的标准光管 (4 管或 5 管并列) 备作自然光较差时使用，应使光线均匀、柔和、无投影。

（2）湿评台

用以放置审评杯碗，作冲泡评审内质用，评审包括茶叶的香气、汤色、滋味和叶底。湿评台宽 45-50cm，高 75-80cm，一般长 140cm，台面为白色哑光。

（3）样茶柜架

审评室要配置适量的样茶柜或样茶架，用以存放样茶罐，要放在审评室的两侧，柜架为白色。

（4）洗涤区

在审评室内应设立洗涤区域，一般与茶样区分别设置在审评室的两端。

此外，审评室陈设宜简单、适用，使评茶员有整洁宽亮的感觉，布置如图7.1。

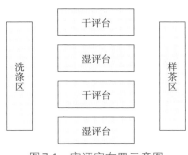

图7.1　审评室布置示意图

图7.2　审评室

2. 评茶用具

评茶常用器具如下：

（1）审评盘

审评盘亦称样茶盘或样盘，是审评茶叶外形用的，一般用胶合板或木板制成。审评盘呈白色，为正方形，长、宽、高分别为23cm、23cm、3cm。盘的一角开有一缺口，缺口呈倒等腰梯形，上宽5cm，下宽3cm，便于倾倒茶叶。

（2）审评杯

审评杯用来泡茶和审评茶叶香气，为圆柱形，瓷质纯白。审评成品黄茶的审评杯容量150mL，审评黄毛茶的审评杯容量250mL。审评杯有杯盖，杯盖上有一小孔，与杯柄相对的杯沿有三个呈锯齿形滤茶口。

（3）审评碗

审评碗为特制的广口白色瓷碗，用来审评汤色和滋味。成品黄茶用的审评碗容量为240mL，黄毛茶所用审评碗容量为440mL。

（4）叶底盘

叶底盘审评叶底用，有木质黑色和白色搪瓷盘两种。木质黑色叶底盘为正方形，正方形长宽各为10cm、边高1.5cm，用来审评成品黄茶或者原料较粗老的黄茶。搪瓷盘为长方形，长、宽、高为23cm、17cm、3cm，一般用来审评黄毛茶和原料细嫩的黄茶。

（5）称茶秤

可用1/10托盘天平或电子天平称茶。

（6）定时计

泡茶计时用，一般用定时钟。

（7）网匙

用以捞取审茶碗内的茶渣，一般用铜丝或不锈钢丝制成。

（8）茶匙

为普通白色瓷质汤匙或不锈钢汤匙。

（9）小茶杯

用于品尝茶汤。

（10）汤碗

清洗汤匙或放置汤匙和网匙用。

（11）吐茶桶

审评时吐茶和倒茶渣用。

（12）烧水壶

烧开水用，可用铝壶或电壶。

（二）黄茶审评操作

黄茶感官品质是由外形和内质两部

图7.4　干评茶台

图7.3　评茶台与用具

图7.5　湿评茶台

分组成，黄茶感官审评主要分为干评和湿评。干评主要是评黄茶外形，湿评主要是评黄茶内质。黄茶品质的好坏、等级的划分、价值的高低，主要是通过对外形、香气、滋味、汤色和叶底等因子的评定来决定的。黄茶感官审评分为四个阶段：取样、外形审评、内质审评、评定与记录。

1. 干评外形

干评外形是通过把盘从干茶的嫩度（条索）、色泽、净度、整碎四个方面评价。把盘俗称摇样匾或摇样盘，由评茶员双手握住评茶盘的对角边沿，左手手掌封住评茶盘有缺口的一角，运用手势回旋转动，使茶叶在评茶盘中有序分布。把盘一般可分为三个过程，即摇盘、收盘和簸盘。

（1）摇盘

双手握住评茶盘对角的边沿，左手握住评茶盘有缺口的一角，运用均匀手势做回旋转动，使盘中茶叶分成上中下三层。

（2）收盘

双手拿住评茶盘对角的边沿，分别用左右手颠簸评样盘，使均匀分布在样盘的茶叶收拢呈馒头形。

（3）簸盘

双手拿住评茶盘相对两边的边沿，同时作上下簸动，使盘下细小轻质的茶叶簸扬在样盘上方。

图7.6　干评外形

2. 湿评内质

采用四分法得到所需要的黄茶样品100-200g，将所得茶样混匀，采用三指取样法称取3g茶样。将3g茶叶放入审评杯中，用刚煮沸的开水依次迅速冲泡，盖盖后开始计时，开水量以满而不溢为

图7.7　湿评内质

宜。泡5min后，按冲泡顺序依次将杯内的茶汤全部倒入评茶碗中，滤尽茶汤，然后看汤色，嗅香气，尝滋味，评叶底。

（1）快看汤色

需先评黄茶汤色，快速及时评完，防止茶汤氧化后影响评定结果。审评汤色时，应注意光线和评茶用具的影响，可调换审评杯的位置来减少光线的影响。

图7.8　黄茶汤色　　　　　　　　　　图7.9　君山银针茶的茶汤

（2）分次嗅香

一手持杯，一手持盖，靠近鼻孔，微侧开杯盖，嗅评审评杯中黄茶的香气。每次嗅香时间2~3s，随即合上杯盖，每次可重复2~3次。可结合热嗅（杯温约75℃）、温嗅（杯温约45℃）、冷嗅（杯温接近室温）分次进行，以全面辨析香气特征。

图7.10　嗅香

（3）温品滋味

茶汤温度45~55℃时适宜审评，高于70℃以上会感觉烫嘴，低于40℃时会感到涩味加重。每次入口茶水量以一茶匙茶汤为宜，过多过少均不利于辨味。茶汤入口后，在舌的中部回旋 2 次，停留时间 3-4s。茶汤可以咽下，也可以吐出。对一个茶样一般需尝味 2-3 次。品不同茶样时，可用温开水漱口。

（4）细评叶底

审评叶底时，先将叶底全部倒入叶底盘中，拌匀、铺开、揿平，观察其嫩度、匀度和色泽。用手指按揿叶底，感受叶张的软硬，观察叶张的厚薄和完整性，芽头和嫩叶的含量等。必要时将叶底漂在水中观察分析，从而判定茶叶的优次。

图7.11　品滋味

2. 评茶结果

评茶结束后，评茶员要及时完成审评报告。在审评中，需逐项给予五项因子正确的评语和评分，然后填写在审评报告内，并填写黄茶品质审评记录单。在对五项因子评分时，先按百分制给分，再依据各因子的权数（黄茶为外形 25%、汤色 10%、香气 25%、滋味 30% 和叶底 10%）算出总分。

图7.12　评叶底

（三）黄茶审评因子

1. 黄茶外形审评因子

黄茶外形审评因子主要包括形状、色泽、整碎、净度。

（1）形状

黄茶的形状是指其外形规格，可分为大小、长短、粗细、轻重、

图7.13　君山银针茶的叶底

图7.14　霍山黄芽评审

图7.15　第五届中国黄茶斗茶大赛颁奖

茸毛多少等。通过审评黄茶形状，可以了解鲜叶原料的老嫩，制茶人员的技术高低。不同产区的黄茶有着其已有的外形特征，如君山银针以形似针、芽头肥壮、满披茸毛的为好，蒙顶黄芽以条扁直、芽壮多毫为上，远安鹿苑茶以条索紧结卷曲呈环形、显毫为佳，霍山黄大茶以叶肥厚成条、梗长壮、梗叶相连为好。

（2）色泽

黄茶的干色需区分颜色和光泽度。黄茶的干色需显黄，还需具有光泽为佳，以金黄色鲜润为优。色泽好的带有油润感，给人一种鲜活的感觉。色泽差的茶叶，看上去带有一种枯死的感觉。

（3）净度

黄茶的净度主要是指茶叶中夹杂物的多少，夹杂物是指茶梗、黄片等。夹杂物少，说明净度好；夹杂物多，净度差。

（4）整碎

黄茶的整碎是指茶叶拼配比例是否适当，也指茶叶条索（或颗粒）的大小、长短和粗细是否均匀。

2. 黄茶内质审评因子

黄茶内质审评因子主要包括汤色、香气、滋味和叶底。

（1）汤色

汤色即茶汤的颜色，主要审评其色泽和亮度，包括汤色的性质、深浅、明暗和清浊。黄茶汤色以黄汤明亮为优，黄暗或黄浊为次。黄茶的汤色与茶树的品种、生长环境、鲜叶老嫩、茶叶的新陈以及加工方法等有关。

（2）香气

嗅香气是靠评茶员的嗅觉来完成的。嗅香气可分为热嗅、温嗅、冷嗅三个阶段。热嗅主要是闻香气中有无异气，第一下热嗅时应先微侧开杯盖，缓慢凑近鼻端，防止被杯中热气烫伤。温嗅是辨别香气的高低，冷嗅是确定香气的持久性。

（3）滋味

审评时需要确定滋味的类型与纯正度。一般黄茶的滋味可以分为浓淡、强弱、鲜爽、醇和几种，以醇和鲜爽、回甘、收敛性弱为好。

（4）叶底

叶底的老嫩、匀杂、整碎、色泽的亮暗和叶片开展的程度等是评定黄茶品质优次的一个重要因素。黄茶叶底以芽叶肥壮、匀整、黄色鲜亮的为好，芽叶瘦薄黄暗的为次。

（四）黄茶审评术语

1. 形状审评术语

显毫——有茸毛的茶条比例高。

多毫——有茸毛的茶条比例高，程度比显毫低。

披毫——茶条布满茸毛。

锋苗——芽叶细嫩，紧结有锐度。

身骨——茶条轻重，也指单位体积的重量。

重实——身骨重，以手权衡有沉重感。

轻飘——身骨轻，茶在手中分量很轻。

匀整、匀齐、匀称——指上、中、下三段茶的大小、粗细、长短较一致，比例适当，无脱档现象。

匀净——匀齐而洁净，无梗朴及其他夹杂物。

挺直——条索平整而挺直呈直线状，不弯不曲。

弯曲、沟曲——不直，呈勾状或弓状。

细紧——茶叶细嫩，索卷细长紧卷而完整，锋苗好。

紧结——茶条卷紧而重实，紧压茶压制密度高。

紧直——茶条卷紧而直。

紧实——茶条卷紧，身骨较重实，紧压茶压制密度适度。

肥壮、硕壮——芽叶肥嫩身骨重。

壮实——尚肥大，身骨较重实。

粗实——茶叶嫩度较差，形粗大尚结实。

粗壮——条粗而壮实。

粗松——嫩度差，形状粗大而松散。

松条、松泡——条索卷紧度较差。

扁块——结成扁圆形的块。

圆浑——条索圆而紧结，不扁不曲。

圆直——条索圆浑而挺直。

扁条——条形扁，欠圆浑，制工差。

短碎——面张条短，下盘茶多，欠匀整。

爆点——干茶上的烫斑。

露梗——茶梗显露。

扁直——扁平挺直。

肥直——芽头肥壮挺直，满披白毫，形状如针。

梗叶连枝——叶大梗长而相连。

鱼子泡——干茶有如鱼子大的凸起泡点。

2. 干茶色泽审评术语

油润——色泽鲜活，光滑润泽。

枯暗——色泽枯燥且暗无光泽。

调匀——叶色均匀一致。

花杂——干茶叶色不一致，杂乱、净度差。

金镶玉——茶叶嫩黄、满披金色茸毛，为君山银针干茶色泽特征。

金黄光亮——芽头肥壮，芽色金黄，油润光亮。

嫩黄光亮——色浅黄，光泽好。

褐黄——黄中带褐，光泽稍差。

青褐——褐中带青。

黄褐——褐中带黄。

黄青——青中带黄。

3. 汤色审评术语

杏黄——浅黄略带绿，清澈明亮。

浅黄——汤色黄较浅，明亮。

深黄——色黄较深，但不暗。

橙黄——黄中微泛红，似桔黄色，有深浅之分。

黄亮——黄而明亮。有深浅之分。

4. 香气审评术语

嫩香——清爽细腻，有毫香。

清鲜——清香鲜爽，细而持久。

清纯——清香纯和。

焦香——炒麦香强烈持久。

松烟香——带有松木烟香。

锅巴香——似锅巴的香，为黄大茶的香气特征。

5.滋味审评术语

高香——高香而持久，刺激性强。

纯正——香气纯净、不高不低，无异杂气。

纯和——稍低于纯正。

平和——香气较低，但无杂气。

钝浊——香气有一定浓度，但滞钝不爽。

闷气——属不愉快的熟闷气，沉闷不爽。

粗气——香气低，有老茶的粗糙气。

青气——带有鲜叶的青草气。

高火——茶叶加温干燥过程中，温度高、时间长、干度十足所产生的火香。

老火——干度十足，带轻微的焦茶气。

焦气——干度十足，有严重的焦茶气。

陈气——茶叶贮藏过久产生的陈变气味。

异气——烟、焦、酸、馊、霉等及受外来物质污染所产生的异杂气。

甜爽——爽口而感有甜味。

甘醇——味醇而带甜。

鲜醇——清鲜醇爽，回甘。

6.叶底审评术语

细嫩——芽头多，叶子细小嫩软。

鲜嫩——叶质细嫩，叶色鲜艳明亮。

嫩匀——芽叶匀齐一致，细嫩柔软。

柔嫩——嫩而柔软。

柔软——嫩度稍差，质地柔软，手按如绵，按后伏贴盘底、无弹性。

匀齐——老嫩、大小、色泽等均匀一致。

肥厚——芽叶肥壮，叶肉厚实、质软。

瘦薄——芽小叶薄，瘦薄无肉，叶脉显现。

粗老——叶质粗硬，叶脉显露，手按之粗糙，有弹性。

开展——叶张展开，叶质柔软。

摊张——叶质较老摊开。

单张——脱茎的单叶。

破碎——叶底断碎、破碎叶片多。

卷缩——冲泡后叶底不开展。

鲜亮——色泽鲜艳明亮，嫩度好。

明亮——鲜艳程度次于鲜亮，嫩度稍差。

暗——叶色暗沉不明亮。

暗杂——叶子老嫩不一，叶色枯而花杂。

花杂——叶底色泽不一致。

焦斑——叶张边缘、叶面有局部黑色或黄色烧焦的斑痕。

焦条——烧焦发黑的叶片。

肥嫩——芽头肥壮，叶质柔软厚实。

嫩黄——黄里泛白，叶质嫩度好，明亮度好。

二、黄茶选购

（一）黄茶感官品质要求

黄茶感官品质的基本要求，应具有黄茶的色、香、味，不含有非茶类物质和添加剂，无异味，无异臭，无劣变。

表7.1　黄茶感官品质要求

种类	外形				内质			
	形状	整碎	净度	色泽	香气	滋味	汤色	叶底
芽型	针形或雀舌形	匀齐	净	嫩黄	清鲜	鲜醇回甘	杏黄明亮	肥嫩黄亮
芽叶型	条形或扁形或兰花形	较匀齐	净	黄青	清高	醇厚回甘	黄明亮	柔嫩黄亮
多叶型	卷略松	尚匀	有茎梗	黄褐	纯正、有锅巴香	醇和	深黄明亮	尚软黄尚亮有茎梗
紧压型	规整	紧实	-	褐黄	醇正	醇和	深黄	尚匀

（二）黄茶选购标准

在日常生活中购买黄茶时，可从"新、干、匀、净、质、包装"等方面来选择。

1. 新

对大部分品种的黄茶而言，新茶总是比陈茶品质好。鉴别黄茶的新茶与陈茶，可以从这以下几方面来判断：

（1）外观：新茶外观新鲜，干硬疏松；陈茶暗软紧缩。新茶干燥，手一捻便碎；陈茶软而重，不易捻碎。

（2）香气：新茶气味清香、浓郁；陈茶香气低油，甚至有霉味或陈气。

（3）色泽：新茶看起来都较有光泽、清澈，而陈茶均较晦暗。

（4）滋味：新茶滋味醇厚、鲜爽，陈茶滋味淡薄、滞钝。

2. 干

用两个手指捻茶条，如能完全捻成粉末,说明黄茶干燥。如仅能捻成细片状，说明黄茶水分含量高，不宜购买。

3. 匀

看黄茶的外形是否匀整、一致，以匀整一致的品质更佳。

4. 净

要求黄茶干净，无异杂物。

5. 质

质是指黄茶内质。从黄茶外观进行鉴别后，还必须按专业审评的方式进行冲泡，鉴别黄茶的汤色、香气、滋味等，才能准确鉴别黄茶的好坏。如无专业审评器具，可以选用有盖的杯碗冲泡，适当加大泡茶量，茶水分离后，及时进行品鉴。

6. 包装

购买黄茶产品时，尽量选购有包装、标识完整的产品，并开具发票。

三、黄茶贮藏

黄茶在存放过程中极易受外界环境因素的影响，如果保存不当会发生变质，影响其饮用价值。

（一）黄茶贮藏的基本要求

1. 低温

温度对黄茶的氧化反应影响很大，一般贮藏于4-8℃为宜。贮藏温度越高，反应速度越快；低温可减缓大多数化学变化，尽可能地保持茶叶色、香、味等感官品质。

2. 避光

黄茶中很多成分对光很敏感，在光照下色泽会变枯、变暗，还会产生陈味。

3. 密封

黄茶中茶多酚、Vc、类脂、醛类、酮类等物质都易氧化，导致汤色加深，香气下降，失去鲜醇滋味。因此在黄茶保存时，也需进行密封。

4. 干燥

黄茶贮藏环境应保持干燥，这样茶叶就不易受潮变质。在贮藏前，黄茶须达到一定的干度，否则黄茶也易变质。

5. 清洁

黄茶贮藏环境应干净卫生，无异气异味。贮茶容器也必须保持清洁无味，否则黄茶易吸附异气而变质。

（二）黄茶贮藏方法

适合家庭贮藏黄茶的方法，主要有以下几种：

1. 一般贮藏法

家庭少量用茶，一般习惯用铁制彩色茶罐、锡瓶、有色玻璃瓶及陶瓷器等贮存。其中以选用有双层盖的铁制彩色茶罐和长颈锡瓶为佳，用陶瓷器贮存茶叶，则以口小腹大者为宜。在用这些容器装茶叶时应检查一下容器是否密闭，而且应将茶叶装实装满，尽量减少容器内的空气。这种贮藏方法虽简单易行，取用起来也很方便，但只宜于短时期贮藏。

2. 干燥剂贮存法

选用干燥、无异味、密封性能好的瓦坛或者铁桶，利用生石灰、木炭或者硅胶具有良好的吸湿性来吸收容器内以及茶叶中的水分，从而降低容器中的相对湿度，达到延缓茶叶陈化、劣变的过程。先将茶叶用防潮软棉纸包好，再用牛皮纸包好，捆牢，分层堆放于干燥、无异味、密封性好的坛子或铁桶四周，在坛和桶的中间放干燥剂，然后用牛皮纸堵塞坛口，上面加盖，置于干燥处。采用此法储存茶叶要注意茶叶不要跟干燥剂直接接触，干燥剂要定期更换。

3. 冰箱贮存法

在冰箱中贮藏茶叶使茶叶处于低温状态，有利于保质。为了防止茶叶受潮和吸附异味，可以先将茶叶用复合塑料袋或密封性较好的茶叶罐封装好，尽量排掉袋（罐）内的空气。贮存期六个月以内的，冷藏温度以维持0-5℃为宜；贮藏期超过半年的，以冷冻（-10--18℃）较佳。饮用时将茶叶取出，当茶叶温度回升至与室温接近时才可取出茶叶，以免茶叶凝结水气增加含水量，导致余下的茶叶加速劣变。可以将购买的茶叶用多个小包分装，再放入冰箱中，每次饮茶时只需要取出一小包即可，对其他茶叶的品质影响不大。为了轻松避免这些问题，条件允许的情况下可以备一个茶叶专用冷藏箱。

4. 热水瓶贮藏

将干燥的茶叶装入保暖性能良好的热水瓶内，装实装满，尽量排出瓶内空气，再用软木塞盖紧瓶口，盖子边沿可以涂一层白蜡，再裹以胶布，这样密封效果更好。

5. 塑料袋贮藏

取两只干燥、无异味、无破损的食品级塑料袋，将干燥的茶叶用软白纸包好后装入其中一只内，轻轻挤压排出袋内空气，然后用绳子扎紧袋口，再将另一只塑料袋反套在第一只塑料袋外，同样挤出空气扎紧，最后放入干燥、无味、密封的铁筒内贮藏。

第八篇
黄 茶之艺

有了好茶叶，还需要合适的冲泡，才能品到一杯好茶。合适的器具，适宜的茶水比，恰当的泡茶时间，均有利于泡出一杯好茶，让人能真正领略到黄茶独特的风味。除了单纯地泡茶品，泡茶还可升级为"艺"。我国已发展形成了不同的黄茶茶艺，丰富了黄茶文化内涵，有助于人们更好地领略不同区域的黄茶文化。

在中国六大基本茶类中黄茶所占的比例最小，物以稀为贵的黄茶，算得上一位隐士。对于不少茶友来说，接触的机会相对要少一些。那么冲泡黄茶有什么讲究？不同茶类冲泡选择的茶具、冲泡的水温等都不尽相同。即便同类的黄茶，分为黄芽茶、黄小茶、黄大茶，因为不同产地，选择原料等级不一样、加工工艺不同，应该选择不同的方式来表达它的品质特征，这就是所说的"看茶泡茶"。如果没有好的冲泡方法来冲泡品饮黄茶，无法品尝到黄茶的真香真味，就如寻隐者不遇。

一、黄茶杯泡法（黄芽茶）

（一）黄茶杯泡法茶具配置

黄茶杯泡法茶具配置如下表：

表8.1　黄茶杯泡法茶具配置

名称	材料质地	规格
茶盘	竹木制品	约35×45cm
玻璃杯	玻璃制品	3只（容量150-200ml）
杯托	玻璃制品或竹木制品	3只（与玻璃杯尺寸配套）
水壶	玻璃或不锈钢制品	容量根据所用玻璃杯而定
茶匙筒	竹木制品	内放茶匙及茶夹
茶荷	白瓷制品、竹制品或玻璃制品	6.5-12cm
茶巾	棉麻织品	约30×30cm
茶样罐	瓷质或玻璃制品	容量200-300ml
水盂	瓷质或玻璃制品	容量300-400ml

（二）黄茶杯泡法程式

黄芽茶原料细嫩，十分强调茶的冲泡技术和程序。以黄茶的代表君山银针为例，冲泡程序如下：

1. 备具

准备无花直筒形透明玻璃杯，准备好杯托、杯盖（可用玻璃片制成）、茶荷、茶叶罐、茶匙、烧水炉具。

图8.1　黄茶杯泡法的备具

图8.2　黄茶杯泡法的温杯洁具

2. 赏茶

用茶匙取出少量君山银针茶，置于茶荷中，供宾客观赏。

图8.3　黄茶杯泡法的赏茶

图8.4 黄茶杯泡法的投茶

图8.5 黄茶杯泡法的注水

图8.6 黄茶杯泡法的奉茶

3. 置茶

取君山银针茶约 3g，放入茶杯待泡。

4. 冲泡

用水壶将 95℃左右的开水先快后慢地冲入茶杯 1/2 处，使茶芽浸润湿透。稍后，再冲至七成满为止。冲泡后的君山银针，往往浮卧汤面，这时用玻璃片盖在茶杯上，能使茶芽均匀吸水，快速下沉。5min 后，去掉玻璃片。

5. 品鉴

君山银针经冲泡后，在水和热的作用下，茶芽渐次直立，上下沉浮，芽尖挂着晶莹的气泡，是其他茶冲泡时所罕见的。大约冲泡 6min 后，就可以品饮了。其香气为熟板栗香，清高。汤色金黄明亮，茶毫丰富。滋味鲜爽，甜醇回甘，有春日湖光山色的味道。叶底舒展，柔软。

图8.8　黄茶杯泡法的品饮

图8.7　黄茶杯泡法的赏茶舞

图8.9　黄茶杯泡法的谢茶

二、黄茶盖碗泡法（黄小茶和黄大茶）

（一）黄茶盖碗泡法茶具配置

黄茶冲泡选择黄色瓷盖碗为最佳，亦可选白瓷、彩色瓷盖碗。全部茶具准备参照如下表。

表8.2　黄茶盖碗泡法茶具配置

名称	材质	数量与规格
茶盘或茶船	竹木制品	1个，约35×45cm

续表

名称	材质	数量与规格
水壶	陶瓷、玻璃或金属等	1个，约800ml
盖碗	青花瓷、白瓷或彩瓷	1个，容量150ml/个
品茗杯	青花瓷、白瓷或彩瓷	3个，容量30ml/只
公道杯	玻璃或瓷质	1个
茶叶罐	陶瓷制品或金属制品	1个
茶荷	陶瓷制品或竹木制品	1个
茶道组	竹木制品	1组，含有茶匙、茶夹、漏斗、茶针、茶则、茶道筒
茶巾	棉、麻织品	1条，约30×30cm
水盂	陶瓷制品	1个，容量800ml左右
奉茶盘	竹木制品	1个，约35×45cm

（二）黄茶盖碗泡法程式

1.取茶赏茶

用茶则将茶从茶叶罐中取出，移置于茶荷中，请宾客欣赏干茶，冲泡者简要向来宾介绍茶叶产地与品质特点。

图8.10　黄茶盖碗泡法的备具

图8.11　黄茶盖碗泡法的赏茶

2. 温具

将碗盖斜扣在右侧碗托上，右手提起水壶按逆时针手法向碗中注入 1/2 的水量，水壶复位，提起碗盖盖住茶碗。右手提起盖碗，左手托住盖碗底部，逆时针转动盖碗 2-3 圈，按从前到后、先左后右的顺序，依次完成盖碗、公道杯、品茗杯的温杯，然后将水弃于水盂中。

3. 投茶

左手持茶荷，右手持茶匙，将茶叶轻轻地地拨入盖碗中。投茶量按茶水比 1 ： 50 的比例，一般每杯投 2-3g。

图8.12　黄茶盖碗泡法的温杯洁具

图8.13　黄茶盖碗泡法的投茶

4. 蕴香（又称摇香、醒茶）

向杯中冲入 1/3 的开水，温润茶叶，端起盖碗，使盖、盏、托不分离，参照温具手法，轻轻转动盖碗，使茶叶苏醒，香气漫出。

5. 冲泡候汤

用凤凰三点头技法向碗中冲水至七八分满，盖上碗盖，静候 2min 左右，使茶叶充分吸水舒展下沉，尽显茶味茶香。

6. 分茶

将泡好的茶按照一定的顺序分到每个品茗杯中。

图8.14　黄茶盖碗泡法的注水

图8.15　黄茶盖碗泡法的出汤

图8.16　黄茶盖碗泡法的分茶

图8.17　黄茶盖碗泡法的奉茶

7. 奉茶

将泡好的茶一一放入奉茶盘中，端向客人。双手端茶托，按长幼、主次顺序奉茶给客人，并行伸掌礼示意，客人点头微笑或行叩手礼致谢。

8. 品鉴

品饮时小口细啜，先嗅香观色再尝滋味，让茶汤在口腔中充分打转与味蕾接触，再慢慢咽下，细细感受茶汤的醇厚芬芳、生津回甘和独特茶韵。

图8.18　黄茶盖碗泡法的品饮

三、黄茶壶泡法（黄大茶）

（一）黄茶壶泡法茶具配置

黄茶壶泡法茶具配置如下表：

表8.3　黄茶壶泡法茶具配置

名称	材质	数量与规格
茶盘或茶船	竹木制品	1个，约35×45cm
水壶	陶瓷、玻璃或金属等	1个，约800ml
茶壶	紫砂或瓷器	3个，容量150ml/个
茶叶罐	陶瓷制品或金属制品	1个
茶荷	陶瓷制品或竹木制品	1个
公道杯	瓷质或玻璃	1个
茶道组	竹木制品	1组，含有茶匙、茶夹、漏斗、茶针、茶则、茶道筒
茶巾	棉、麻织品	1条，约30×30cm
水盂	陶瓷制品	1个，容量800ml左右
奉茶盘	竹木制品	1个，约35×45cm

（二）黄茶壶泡法程式

以霍山黄大茶为例，黄大茶较黄芽茶和黄小茶的口感更加醇厚，宜选用紫砂壶冲泡法来表达霍山黄大茶的醇厚滋味。

1.取茶赏茶

用茶则将茶从茶叶罐中取出，移置于茶荷中，请宾客欣赏干茶，冲泡者简要向来宾介绍茶叶产地与品质特点。

图8.19　黄茶壶泡法的备具

图8.20　黄茶壶泡法的赏茶

图8.21 黄茶壶泡法的温具

图8.22 黄茶壶泡法的投茶

图8.23 黄茶壶泡法的注水

2. 温具

左手将茶壶盖揭开，右手提起水壶按逆时针手法向壶中注入 1/2 的水量，水壶复位，提起壶盖盖住壶口。右手拿壶把，左手托住壶底，逆时针转动壶 2-3 圈，按从前到后、先左后右的顺序，完成温壶。再按照相应的方法依次完成对公道杯、品茗杯的温润，然后将水弃于水盂中。

3. 投茶

左手持茶荷，右手持茶匙，将茶叶轻轻地拨入茶壶中。投茶量按茶水比 1 : 22 的比例，一般每壶投 5g。

4. 蕴香（又称摇香、醒茶）

向壶中冲入 1/3 的开水，温润茶叶，端起茶壶，参照温具手法，轻轻转动茶壶，使茶叶苏醒，香气漫出。

5. 冲泡候汤

用定点注水法向壶中冲水至满壶，盖上壶盖，静候 2min 左右，使茶叶充分吸水舒展下沉，尽显茶味茶香。

6. 分茶

将壶中冲泡好的茶倒入公道杯，再用公道杯将茶汤依次注入品茗杯。

7. 奉茶

将泡好的茶一一放入奉茶盘中，端向客人。双手端茶托，按长幼、主次顺

图8.24 黄茶壶泡法的出汤

图8.25 黄茶壶泡法的分茶

序奉茶给客人，并行伸掌礼示意，客人点头微笑致意或行叩手礼致谢。

8. 品茶

右手用三龙护鼎的方式持品茗杯，认真品饮茶的香气、滋味。霍山黄大茶具焦豆香、咖啡豆香，香气高爽持久。汤色黄亮。滋味醇厚爽滑，茶汤饱满，余味悠长。叶底绿黄，叶质厚实。

图8.26 黄茶壶泡法的奉茶

图8.27 黄茶壶泡法的闻香

图8.28 黄茶壶泡法的品饮

图8.29 黄茶壶泡法的谢茶

四、黄茶茶艺演示

下面以平阳黄汤玻璃杯泡法茶艺演示为例来介绍黄茶茶艺。

（一）平阳黄汤茶艺的配置

1. 茶艺器具选配

玻璃杯及杯托（3套）、玻璃随手泡（1只）、玻璃水盂（1只）、茶叶罐（1只）、茶道组（1组）、茶荷（1个）、茶巾（1块）、奉茶盘（1个）。

2. 茶席设计

图8.30　茶席布置

3. 茶艺服饰

茶艺服饰选用淡粉色茶人服。

（二）平阳黄汤茶艺演示与解说

平阳黄汤茶是浙产茶叶的重要代表，浙江主要名茶之一。曾以"干茶显黄，汤色杏黄、叶底嫩黄"的"三黄"特征傲立茶业界。在清朝时已成为贡品，但曾一度因多种原因停产，经过一些茶人的努力，平阳黄汤又重现市场，2014 年成为地理标志产品。今天，就让我们来领略这涅槃重生的黄茶代表平阳黄汤。

第一道，茶具展姿（布具）

俗话说"泡茶可修身养性，品茶如品味人生"，古今泡茶、品茶都要平心静气。茶道组，又称茶道六君子，用以辅助泡茶之用。茶荷，观赏佳茗。茶巾，清洁用具。茶叶罐，用以盛放香茗。玻璃杯，是冲泡本款平阳黄汤的最佳器皿，它无色透明，可欣赏茶叶似群笋破土，缓缓升降，有"三起三落"的妙趣奇观。

图 8.31　茶具展姿（布具）

第二道，取火候汤（烧水）

好茶还需好水。陆羽《茶经》云"山水上，江水中，井水下"，今天我们泡茶用水采用的是山泉水，而"火"则使用酒精炉，慢慢煮来慢慢品。

图8.32　取火候汤（烧水）

第三道，叶佳酬宾（赏茶）

莫道黄汤无人识，曾是君王壶中茶。平阳黄汤，亦称温州黄汤，属黄小茶，闷黄是其特殊加工工艺。此次选用的平阳黄汤，条索紧结，芽叶肥硕，色泽黄润，乃黄茶之极品也。

图8.33　叶佳酬宾（赏茶）

第四道，温热壶盏（温杯）

将初沸之水，注入玻璃杯中，一来为壶、杯升温，二来使茶杯冰清玉洁，一尘不染。皎然诗云"此物清高世莫知"。茶是圣洁之物，茶人要有一颗圣洁之心，茶道器具必须至清至洁。

图8.34　温热壶盏（温杯）

第五道，暖屋候佳人（投茶）

苏东坡有诗云"戏作小诗君莫笑，从来佳茗似佳人"。将美似佳人的平阳黄汤缓缓投入温润过的玻璃杯中。

图8.35　暖屋候佳人（投茶）

第六道，甘露润莲心（润茶）

"甘露润莲心"即向杯中注入少许热水，进行温润，此时闻香，清锐持久的玉米香让人心旷神怡。平阳黄汤汤色杏黄明亮，清澈现毫。

图 8.36　甘露润莲心（润茶）

第七道，凤凰三点头（冲泡）

冲泡平阳黄汤时也讲究高冲茶。在冲水时水壶有节奏地三起三落，犹如凤凰向各位嘉宾点头致意。茶倒七分满，留下三分是情谊。

图 8.37　凤凰三点头（冲泡）

第八道，敬奉佳茗（奉茶）

下面将泡好的茶端送到来宾手中，各位来宾得到茶后切莫急于品尝，先要闻香，而后观赏汤色，最后品其珍味。平阳黄汤，香高味浓，饮后回味，茶趣无穷。皎然诗云"一饮涤昏寐""再饮清我神""三饮便得道"。古人云，品茶品人生，先苦后甜；我要说，品茶品健康，健康是福。今天我们在此共饮清茶是一种缘分，期待我们有缘再次相会。

图8.38　敬奉佳茗（奉茶）

第九篇
黄茶之饮

　　以合适的方式进行欣赏品鉴，这样才能真正品出黄茶的独特风味，感受黄茶风味带来的美感，并领略到黄茶内在的文化底蕴。从黄茶的产品名称、干茶外形、茶舞、汤色、滋味等方面均可以领略到不同的美感，借助饮茶环境的氛围，实现精神上的享受。

一、黄茶的品饮

不同种类的黄茶在具体品饮方法上，会有所不同。一般，随芽叶嫩度越高，黄茶的外形更具有观赏性，茶汤内含物也相对更丰富，品质更好。黄茶品饮以赏汤和品味为主。因多数高档黄茶产品加工中无专门的揉捻工序，内含物质成分相对不容易泡出，因此在冲泡时可适当加大投叶量和延长冲泡时间。

（一）赏茶名

当前几大代表性的黄茶品名均具有丰富的人文内涵。品饮者一听到黄茶品名，自然可以联想到其所蕴含的地方人文底蕴，感受到黄茶所带来的文化熏陶。

（二）鉴外形

不同的黄茶有着不同的品种鲜叶和加工技术，制好的黄茶成品具有不同的外形特征。如君山银针芽头肥壮、形似针、满披金毫；蒙顶黄芽芽壮、扁直、多毫；鹿苑茶条索紧结卷曲呈环形、显毫、带鱼子泡；霍山黄大茶则叶肥厚成条、梗长壮、梗叶相连。黄茶的干茶色泽以金黄色、鲜润为优，色枯暗为差。

（三）观茶色

黄茶的汤色整体应呈黄色，并明亮、清澈。但不同种类的黄茶之间有所区别，黄芽茶的汤色应为杏黄色，黄小茶的为黄亮色，黄大茶的为深黄色。

（四）闻茶香

黄茶的香气整体较高锐，多为熟栗香，香气浓、高、持久，少数带花香。如远安鹿苑茶带有明显的鱼子泡，熟栗香高锐。一些黄芽茶的香气为清甜香，而黄大茶则为锅巴香或焦豆香，沩山毛尖则是松烟香。

（五）品滋味

黄茶的滋味明显区别于绿茶、红茶等茶类，有着自身的独特之处。品饮黄茶，甘醇是黄茶滋味最大的特点。高档黄茶的滋味呈现醇和、鲜爽、回甘、收敛性弱，较粗老黄茶的滋味是醇而不苦、粗而不涩。

待茶汤稍凉适口的时候，小口品啜，让茶汤在口中稍作停留，以口吸气、鼻呼气相配合的动作，使茶汤在舌面上往返流动，充分与味蕾接触，品尝黄茶的滋味。

二、湖北黄茶的品饮

湖北黄茶的代表性产品有远安鹿苑茶，本节以远安鹿苑茶为例介绍湖北黄茶的品饮。

（一）赏茶名

远安鹿苑茶是以地名来命名的黄茶产品。鹿苑既代表鹿苑村，也代表鹿苑寺。到过远安鹿苑寺的人们，身处那里优美的天然环境，就会明白鹿苑茶为何能拥有如此优良的品质。看到那些鹿苑寺残留的遗迹，自是感慨历史的变迁与坎坷。鹿苑寺创制了鹿苑茶，鹿苑茶依然在延续生产与饮用，而鹿苑寺却仅剩下了残迹。可见鹿苑茶蕴含了中国社会发展的痕迹，我辈需更加努力，并倍加珍惜。

（二）鉴外形

远安鹿苑茶的外形具有典型的环子脚和鱼子泡的特征。看着那整齐划一的浅黄色卷曲茶形，如一个个金耳环。再细看，茶身上稀疏地分布着或白色或米黄色点的

图9.1　远安鹿苑茶的干茶样

图9.2　远安鹿苑茶的冲泡

鱼子泡。看到远安鹿苑茶这些独特的外形，就能体会到制茶师傅们技艺的精湛，也能体会到制茶的讲究。

（三）冲泡

远安民间冲泡鹿苑茶非常讲究茶、水、具、食的搭配，有民谣为证："鸣凤河的水，鹿苑寺的茶，紫砂茶壶要把，瓜子花生随便抓。"烧水用的壶是铜壶，壶里的水是从鸣凤河引来的山泉水，用带把的紫砂茶壶泡鹿苑茶，再配上瓜子花生等茶食，自是相映成趣。时至今日，老茶客依然用紫砂茶具冲泡鹿苑茶。近些年茶人开始多用透明的玻璃杯冲泡或白瓷盖碗冲泡鹿苑茶，用玻璃杯冲泡还可以观赏茶在水中舒展的身姿。一般鹿苑茶投茶量可根据个人的口感进行调整，适合用80℃左右的热水冲泡。当饮至杯中茶汤剩余1/3时再加水，一般可加水两次。

（四）观茶色

如用透明玻璃杯冲泡，

可以观赏到远安鹿苑茶在杯中逐步地疏散开，茶叶上下浮动。然后只见那汤色慢慢变为浅黄色，芽叶吸水后沉降于杯底。

（五）闻茶香

端起一杯远安鹿苑茶，还未凑近鼻端，就能闻到浓郁的熟板栗香。远安鹿苑茶的板栗香热嗅时非常浓郁，温闻时香气持久。

图9.3 远安鹿苑茶的茶汤

（六）品滋味

闻着宜人的板栗香，小啜一口茶汤。让茶水在口腔回旋几圈，然后徐徐咽下，可以感受到鲜爽甘醇，还感受得到鹿苑茶滋味的厚重感。乾隆年间，相传乾隆皇帝品饮鹿苑茶后，顿觉清香扑鼻，精神备振，饮食大增，于是大加夸赞，并封其御名为"好淫茶"。后人忌讳"淫"字，改为"好酽茶"。

三、湖南黄茶的品饮

（一）君山银针的品饮

君山银针茶是黄芽茶的突出代表。

1.赏茶名

君山银针茶是以地名和品质特征来命名的。"银针"意味着该茶有着优美的外形，"君山"代表该茶原产自洞庭湖的君山岛。君山岛上土地肥沃，竹木相覆，雨量充沛，

图9.4　君山银针的干茶样

图9.5　君山银针的茶汤

云雾弥漫，造就了君山银针茶独特的品质。在长期的发展历史中，君山银针茶也被赋予众多的文化底蕴，与地域文化、文人、政治人物等融为一体。

2. 鉴茶形

君山银针茶具有"金镶玉"之美誉，芽头肥硕茁壮，长短大小匀齐，满披金黄色茸毛，色泽金黄光亮。君山银针茶外形很像一根根银针，置入茶荷中，似银针落盘，又如松针铺地，煞是好看。

3. 冲泡

冲泡君山银针的用水以清澈的山泉为佳，茶具最好用透明的玻璃杯，并用玻璃片作盖。杯子高度10-15cm，杯口直径4-6cm，每杯用茶量为3g，其具体的冲泡程序如下：用开水预热茶杯，清洁茶具，并擦干杯壁，以避免茶芽吸水而不易竖立。用茶匙轻轻从茶罐中取出君山银针约3g，放入茶杯待泡。用开水先快后慢冲入盛茶的杯子，至1/2处，使茶芽湿透。稍后，再冲至七八分满为止，在杯口盖好玻璃片。约3min后，去掉玻璃盖片。

4. 看茶舞

君山银针是一种以赏茶舞为主的特种茶，讲究在赏姿中饮茶，在饮茶中突出赏姿。当金黄色的茶芽在玻璃杯中用沸水冲泡后，杯中奇观即可出现。这时茶芽徐徐下沉，由于茶芽迅速吸水时放出气泡，使每一个芽叶含一水珠，雅称"雀舌含珠"。茶芽沉浮反复，忽上忽下，然后竖于杯底，宛如"群笋出土"，又似"刀枪林立"，文人称为"万笔书天"。随着冲泡次数的增加，沉浮起落，往复三次，俗称"三起三落"。君山银针杯中景观，栩栩如生，极具美感，引人入胜。

5. 观茶色

在欣赏君山银针茶舞的同时，可以观赏茶色。只见茶芽在水中上下浮动的同时，杏黄色的茶汁从茶基中冉冉扩散入水中，一丝丝，一缕缕，仿佛云雾浮动，犹如仙境。随着时间的延长，茶汤中茶色逐渐明显，渐呈黄亮色。

6. 闻茶香

端起茶杯，将茶杯在面前左右移动，君山银针茶的清香随着茶汤的热气而飘散，感受香气的蔓延。于氤氲上升的水汽中，细细嗅闻茶香，如香云缭绕，如梦亦如幻，时而清幽淡雅，时而浓郁醉人。细闻中，还可以感受到君山银针茶明显的毫香，甚是独特。

7. 品茶味

待茶汤色泽显黄时，即可开始品饮君山银针茶。小啜一口，茶汤慢慢回旋，然后徐徐咽下，可充分品味到君山银针茶滋味的鲜爽、甘醇、顺滑，在清香中感受到心旷神怡。

（二）沩山毛尖茶的品饮

沩山毛尖茶是黄茶中唯一带松烟香的产品。

1. 赏茶名

沩山毛尖茶是以地名和品质特征来命名的。好山出好茶，沩山优美的环境为沩山毛尖茶优良品质的形成铺垫了基础。

2. 鉴外形

沩山毛尖茶的外形叶缘微卷，呈自然朵状，形似兰花。干茶色泽黄亮光润，身披白毫。

3. 冲泡

沩山毛尖茶可选用玻璃器皿进行冲泡，也可用白瓷茶具，便于观赏。一般投茶量为 3-5g，约可冲饮 3 泡，水温不宜超过 90℃。采用回旋斟水法浸润茶杯，而后将水注到杯身的七分满。

4. 看茶舞

沩山毛尖茶经滚水冲泡，片片芽叶像一群受惊的游鱼在水里上下浮沉，接着便缓缓旋转，好像鸟儿慢慢在空中回旋，还可看到茶芽张开小巧细嫩的两片鹊嘴，并且吐出一串串水珠。这是由于芽尖细嫩而轻，芽头肥大而稍重，所以，当茶叶吸足水后，出现倒立水中，不浮于上、不落于底的奇妙景象。

图9.6　沩山毛尖茶的茶汤

5. 观茶色

沩山毛尖茶在沸水中飘舞的同时，内含物质成分不断扩散入沸水中。沸水的颜色不断加深，逐渐呈现黄亮色。

6. 闻茶香

细闻沩山毛尖茶香气，在芬芳浓郁的松烟香中散发出阵阵茶香，二者相融相配，形成一种复合宜人的气息。

7. 品茶味

细啜茶汤，可充分感受到沩山毛尖茶醇甜爽口的滋味，在松烟香中形成综合感觉，感受沩山毛尖茶的独特魅力。

图9.7　沩山毛尖茶的叶底

四、安徽黄茶的品饮

（一）霍山黄芽的品饮

1. 赏茶名

霍山黄芽茶也是以地名和品质特征来命名的。霍山黄芽茶在发展的过程中，同样融入了丰富的文化底蕴。

2. 鉴外形

霍山黄芽茶的条索较直，微卷，形似雀舌，均匀整齐而成朵，芽叶细嫩，毫毛披覆。

图9.8 霍山黄芽茶的干茶样

3. 冲泡

霍山黄芽宜用无色透明玻璃杯冲泡，以便更好地欣赏茶舞。茶叶与水的比例大致为1∶50，水温宜在80℃左右。采用"回旋注水法"轻轻地把水沿杯子周边旋转着冲入，注水量约占杯容量的1/4-1/3，浸润泡20-60s。然后以"凤凰三点头"注水，使茶叶在杯中上下翻滚，注水量约七成左右。

4. 看茶舞

霍山黄芽茶在冲泡中，茶叶在水中上下翻飞、翩翩起舞。茸毫在水中纷繁地飘舞，犹如漫天金丝，优美悦目。

图9.9 霍山黄芽茶的茶汤

5. 观茶色

随着冲泡时间的延长，霍山黄芽茶的汤色逐渐加深，呈现清澈明亮的黄绿色。

6. 闻茶香

霍山黄芽茶的香气类型多样，会有花香、清香和熟板栗香三类。不同的香气类型，意味着霍山黄芽茶的原料与加工有所不同。

7. 品茶味

品饮霍山黄芽茶，细啜茶汤，能瞬时感受到茶汤入口爽滑，鲜嫩回甘。第一泡品茶之鲜醇和清香；第二泡茶香是最浓的，滋味最佳，可充分体验茶汤甘泽润喉、齿颊留香、回味无穷的特征；第三泡的时候茶味已经淡了，香气也减弱了。

（二）霍山黄大茶的品饮

霍山黄大茶以大枝大叶、黄叶黄汤和高浓清爽的高火香为主要特点。

1. 赏茶名

霍山黄大茶是黄大茶的突出代表种类，茶如其名，名副其实。

2. 鉴外形

霍山大黄茶的外形以大枝大叶为突出特点。其外形梗壮叶肥，叶片成条，梗叶相连形似钓鱼钩，梗叶金黄，色泽油润。

3. 冲泡

霍山黄大茶可选用玻璃杯进行冲泡，选择 1 ：50 的茶水比，水温以 90℃为宜。在杯中投入茶叶，然后倒入 1/2 的水，使茶叶完全浸润在水中。待茶叶浸泡了 1min 左右后，注入另一半水。在冲泡时采用悬壶高冲手法，根据茶叶的实际情况掌握冲泡时间。

4. 观茶色

霍山黄大茶冲泡之后，汤色深黄，清澈明亮。

5. 闻茶香

霍山黄大茶的香气高锐，具有突出高爽的焦香，也称为锅巴香，属于一种高火香，此香也是其最吸引消费者的地方。

6. 品茶味

霍山黄大茶的滋味浓厚醇和。细啜一口茶汤，在醇和的滋味中还散发出高锐的锅巴香，使茶味更加独特。

图 9.10　霍山黄大茶的干茶

五、四川黄茶的品饮

蒙顶黄芽是四川黄茶的代表性茶产品。

图 9.11　霍山黄大茶的茶汤

1. 赏茶名

蒙顶黄芽产自蒙顶山。蒙顶山生态环境优越，产茶历史悠久，茶文化底蕴深厚，而且深深渗入道教文化。在蒙顶山，还保留有皇茶园。

2. 鉴外形

蒙顶黄芽的外形扁直，芽条匀整，色泽嫩黄，芽毫显露。

3. 冲泡

为便于观赏，冲泡蒙顶黄芽可以选择透明的玻璃器皿。由于茶芽比较嫩，建议水温为 75-85℃，茶水比例为 1∶50，投茶方式建议采用"中投法"。

4. 看茶舞

蒙顶黄芽冲泡后，可见茶芽上下沉浮，渐次直立，有的婷婷玉立，如妙龄少女，有的犹如雀舌含珠，又似春笋出土，动感十足，仪态优美。

5. 观茶色

在茶芽上下飘动的同时，茶汤的色泽逐渐显现，慢慢呈黄亮色。

6. 闻茶香

细嗅蒙顶黄芽茶汤，可以感受到独特的浓郁甜香。

7. 品茶味

品尝蒙顶黄芽茶时，先小口品啜，让茶汤在口腔里停留片刻。入喉后，即可感受到蒙顶黄芽茶的清鲜、甜醇、甘甜滋味，口感非常爽滑、润喉。品饮时，第一泡不要一次喝完，剩下三分之一茶杯的茶汤时，即要加水续泡。

六、浙江黄茶的品饮

（一）平阳黄汤的品饮

可以用玻璃杯或者盖碗来冲泡平阳黄汤茶，用玻璃杯泡还可以欣赏茶舞。一般取约3-5g茶叶放入杯中，往杯中先快后慢注入约80℃开水，水量约杯身的1/4。待茶芽浸透，再缓慢冲约90℃开水至七八分杯满为止。可观其色闻其香，待茶芽缓慢下沉后，方可品味。

在冲泡中，平阳黄汤茶的汤色从浅白逐渐加深，逐次显现为浅嫩黄、嫩黄、黄。初期随着冲泡时间的增加，茶汤香气的高爽度及栗香增加；但冲泡时间过长，香气会表现为闷，滋味的浓度、涩度会明显增加。冲泡适当的平阳黄汤茶，品饮时能充分感受到滋味的甘度、鲜度、滑度。

（二）莫干黄芽的品饮

冲泡莫干黄芽时，最好选择陶瓷或者透明的茶具。可以先用 90℃ 左右的开水泡 30s 至 1min，然后加开水至七分满，待 2–3min 后即可饮用；饮用至茶汤剩下 1/3 的时候，即进行第二次冲泡。还可以用 70℃ 左右的开水，以先快后慢的方式冲入占杯体积一半的水量；待茶叶充分浸润后，再冲入开水至七分满，然后盖上玻璃盖片；约泡 5min 后，拿掉玻璃盖片即可饮用。莫干黄芽经冲泡后，可以欣赏茶叶美丽舒展、上下浮沉的姿态，可以闻到清甜的香味，观赏到嫩黄明亮的汤色，品到甘醇的滋味。细细品饮莫干黄芽，心旷神怡，回味无穷。

第十篇
茶之惑

　　在生活中，因人们对黄茶的相关知识了解程度不一，对黄茶容易存在一些有疑惑的地方，如黄化茶与黄茶的区别。黄茶在不断发展中，会出现一些新技术、新产品等，也需要及时向人们传播介绍。

在黄茶产业发展中，存在一些易让消费者迷惑的地方，现一一解惑。

一、黄茶理化指标的含义

1. 水分

水分是指黄茶中的含水量。因干燥到后期，在黄茶中保留的水分子多为结合态，不容易通过受热脱离而渗透挥发出来。如果持续加热使黄茶中的结合态的水分散发，一是会降低加工效率；二是会显著增加生产成本；三是会明显损害黄茶品质，如出现高火味，甚至焦煳。为此，黄茶中总是会保留一部分水分含量。然而，黄茶中的水分含量必须控制在一定范围内。如黄茶中水分含量偏高，会导致黄茶品质变质，在一定湿度下黄茶内含品质成分不断发生变化，使黄茶品质发生明显改变；当水分含量高到一定程度时，甚至会导致微生物生长，出现发霉等变质现象。为此，销售到消费者手中的黄茶产品，必须控制水分含量。在初加工黄茶中，芽型和芽叶型黄茶的水分含量不超过6.5%，多叶型黄茶的水分含量不超过7%（质量分数，后同）。而再加工的紧压型黄茶产品，水分含量则可以更高些，一般不超过9%。

2. 水浸出物

黄茶中有丰富的内含物，但仅有能溶于水中的内含物即水浸出物，才能被我们通过饮用摄入体内。茶叶水浸出物中主要含有多酚类、可溶性糖、水溶果胶、水溶维生素、游离氨基酸、咖啡碱、水溶蛋白、无机盐等。水浸出物含量的高低反映了茶叶中可溶性物质的多少，标志着茶汤的厚薄、滋味的浓强程度，从而在一定程度上还反映茶叶品质的优劣。为此，通过了解黄茶能溶于水中的内含物多少，可以判断茶汤滋味的浓度，也可以判断黄茶品质的优劣。对黄茶产品，水浸出物含量需大于或等于32%，但针对具体产品时要求不一，如霍山黄芽的水浸出物含量需大于或等于38%。

3. 总灰分

总灰分是把一定量的茶样放入高温炉内以 550℃灼烧，使有机物质被氧化分解，以二氧化碳、氮的氧化物及水等形式逸出，而无机物质以硫酸盐、磷酸盐、碳酸盐、氯化物等无机盐和金属氧化物的形式残留下来，这些残留物即为灰分。灼烧后残留物的重量与茶样重量的比值，即为茶叶中总灰分的含量。根据灰分在水中或 10% 盐酸中的溶解性，分为水溶性灰分、水不溶性灰分、酸溶性灰分和酸不溶性灰分。水溶性灰分大部分为钾、钠、钙、镁等氧化物及可溶性盐类；水不溶性灰分除泥沙外，还有铁、铝等金属氧化物和碱土金属的碱式磷酸盐；酸不溶性灰分大部分为沾染的泥沙，包括原存于茶叶组织中的二氧化硅。正常情况下，茶叶中总灰分含量在 4%-7.5%，其中水溶性灰分不低于总灰分的 50%。总灰分含量高，是茶叶粗老、品质差的表现。如果茶叶总灰分含量过高，则表明茶叶中可能混有沙粒、灰尘或其他物质，因此茶叶中总灰分含量规定不能超过一定的限量。而水溶性灰分大，则是茶叶品质好的体现。在黄茶中，总灰分含量一般不得超过 7%，岳阳黄叶、岳阳紧压茶、岳阳金花黄茶的总灰分则不超过 7.5%。

4. 粗纤维

茶叶经稀酸、稀碱处理后，剩余的有机残留物即为粗纤维。粗纤维主要成分是纤维素，还含有少量半纤维素、木质素、角质组织、矿物质等。一般茶叶中约含有 8%-20% 粗纤维。茶叶中粗纤维含量与茶叶老嫩程度成正比，随着茶叶组织老化而含量增加，可作为茶叶嫩度的生化指标之一。在黄茶中，远安黄茶和霍山黄大茶的粗纤维含量不超过 16.5%，霍山黄芽粗纤维含量不超过 14.0%。

5. 碎末茶

碎末茶是指以一定目数的筛网筛分茶叶，筛网下的茶叶称为碎末茶。碎末茶既含有碎茶，又含有茶末。碎末茶含量的多少可以反映出茶产品质量的高低。高档茶产品中要求碎末茶少，中低档茶允许含有一定量的碎末茶。在黄茶国标中，规定碎末茶在芽型黄茶的含量不超过 2%，在芽叶型黄茶中不超过 3%，在多叶型黄茶中不超过 6%。在岳阳黄茶中，碎末茶在岳阳君山银针中不超过 2%，在岳阳黄芽中不超过 3%，在岳阳黄叶中不超过 7%。

图10.1　远安黄茶

图10.2　君山银针

图10.3　霍山黄芽

二、黄茶与黄叶茶

在古代，黄茶的得名是因为茶树鲜叶发黄而来的。但现代，黄茶是按制法和品质来分类的，一定是具有闷黄工艺和黄叶黄汤品质的茶才能称为黄茶。现代黄茶除黄叶黄汤外，茶汤滋味以醇为基础，入口醇而无涩，回味甘甜润喉。

而黄叶茶，也称为黄化茶，是近二十年来以新选育的黄化茶树品种鲜叶为原料，按照绿茶加工工艺制成的绿茶产品。因干茶和叶底色泽均为黄色，黄叶茶的取名也多直接采用其品种名称，名称中多带有"黄"字，如黄金芽、黄金叶、黄魁茶、中黄1号、中黄2号等。现实生活中，很多人也直接把黄叶茶直接称为黄茶。这就很易引起消费者误会，误以为黄叶茶就是六大茶类的黄茶。实际上黄叶茶是因为茶树品种变异，导致芽叶中叶绿素部分缺失而表现出黄化，如呈金黄、乳黄等。而黄叶茶能受到人们欢迎而得以发展，在于其富含游离氨基酸，茶汤滋味特别鲜爽。

尽管如此，近些年一些黄茶产区，有以黄叶茶为原料，采用黄茶加工工艺，通过闷黄使其叶色更黄，从而制出特色的黄茶产品。

图10.4　黄化茶树鲜叶

图10.5　黄叶绿茶

三、黄茶不黄

黄茶需具有闷黄工艺和黄叶黄汤的品质特征，但在现实中却存在一些"黄茶不

图10.6　黄茶型君山银针的干茶

图10.7　黄茶型君山银针的茶汤

图10.8　黄茶型君山银针的叶底

黄"的现象。导致产生这种现象的原因，主要有三种。

第一种原因是受一些特定历史的影响，一些黄茶产品在一定时间内未能继续生产。但在发展茶产业中，因一些黄茶过去的名声很大，一些区域为借用这些历史黄茶的名声，用其名来命名加工生产的绿茶产品，如平阳黄汤、莫干黄芽、沩山毛尖等。但随着黄茶市场的重新崛起，一些区域又重拾黄茶的生产，又依然使用历史黄茶的名称。这就造成市场上出现本身是黄茶名称的茶，却同时有绿茶型和黄茶型两种产品存在，如平阳黄汤、莫干黄芽、沩山毛尖等。

第二种原因是一直在延续生产的黄茶产品，均有较高的社会知名度。一些区域为促进茶产业的发展，借用该黄茶的名声，就开发生产出同名的绿茶型产品，如君山银针茶。这也导致市面上同样叫君山银针的茶，有可能是黄茶，也可能是绿茶。

第三种原因是一些区域在不断改变黄茶的闷黄工艺，不断地降低闷黄程度，以致于黄茶的黄叶黄汤品质不是很明显，使其品质趋同于绿茶，也导致黄茶不黄。

图10.9　绿茶型君山银针的干茶样

图10.10　绿茶型君山银针的茶汤

图10.11　绿茶型君山银针的叶底

"黄茶不黄"，一方面说明了黄茶自身的不足与发展的曲折，另一方面也说明了黄茶确确实实具有独特魅力。

四、黄茶的锅巴香

高火是茶叶在干燥过程中，因干燥温度偏高或干燥时间过长而产生的品质。高火会影响茶叶的香气、滋味和色泽，对不同种类和等级的茶影响不一。对一些细嫩的茶，具有高火则一般被视为品质缺陷。但在某些茶品中，尤其是原料相对较粗大的茶，稍高的火功却可以弥补因原料粗老而产生的

图10.12　高火烘焙

粗老气，高火因此被视为优良品质。在黄大茶的传统加工中，就特别注重采用适度高火，形成类似锅巴香的品质风格，从而获得了很多消费者的认可与喜爱，如霍山黄大茶等。

五、黄芽茶并不一定是单芽茶

黄芽茶并不一定是芽茶，可能有些人会奇怪，不是芽茶那还叫黄芽茶。要说清楚这点，需从以往对黄茶产品的分类历史来说。在陈椽1986年主编的《制茶学》教材中，将黄茶分为黄小茶和黄大茶，没有细分出黄芽茶的概念，仅有归属于黄小茶的蒙顶黄芽、霍山黄芽等芽茶产品。在施兆鹏1997年主编的《茶叶加工学》教材中，明确地将黄茶分为黄芽茶、黄小茶和黄大茶，其中黄芽茶全部均为单芽茶。2008年公布的黄茶国家标准（GB/T 21726-2008）中，将黄茶分为芽型、芽叶型、大叶型三类，其中芽型黄茶的鲜叶规格为单芽或一芽一叶初展，此时正式开始黄芽茶不一定是单芽茶了。2014年公布的茶叶分类国家标准（GB/T 30766-2014）和2018年新修订的黄茶国家标准（GB/T 21726-2018）中，均将黄茶分为芽型、芽叶型、多叶型三类，其中芽型黄茶的鲜叶规格为单芽或一芽一叶初展。由此可见，黄芽茶确实不一定是单芽茶了，如鲜叶规格为一芽一叶初展的霍山黄芽也归属于黄芽茶。

六、黄茶口感甘醇的原因

黄茶区别于其他茶类，除具有特殊的闷黄工艺外，就是具有黄叶黄汤的品质，但最为人们所喜爱的还是在于黄茶具有甘醇的滋味。黄茶口感不像绿茶那样具有很强的刺激性，入口初始感觉不会是苦涩，而是一股甘醇感，所以无论男女老少均能接受和喜爱。黄茶能具有这种独特的口感，就在于闷黄的关键工艺。在闷黄工艺中，茶叶内含物质在湿热条件下发生复杂的化学反应，促使酯型儿茶素发生水解，一些高分子的蛋白质和多糖等发生水解，可溶性糖和游离氨基酸等成分的含量增加，使茶汤滋味降低了苦涩味而变得更加甘醇鲜爽。也因此，黄茶的闷黄工艺被借用到一些其他茶类的加工中，以降低茶汤的刺激性和增加茶汤的甘醇度。

图10.13　黄茶的闷黄

图10.14　酯型儿茶素因湿热作用发生水解生成简单儿茶素和没食子酸

七、黄茶为何容易存在闷气

品饮黄茶，有时会发现存在闷气，尤其是水闷气，感觉香气和滋味沉闷而不清爽。造成这种原因，主要是在于闷黄工艺中处理不当。黄茶必须要有闷黄工艺来形成特有的品质特征，然而在绿茶加工中非常忌讳闷黄，就因为闷黄容易产生闷气等不良风味。也为此，黄茶的闷黄工艺根据茶坯的含水量，分为湿坯闷黄和干坯闷黄，湿坯闷黄与干坯闷黄相比更易产生闷气；干坯闷黄实际上就是在湿坯闷黄的基础上改进而来的，目的就是尽可能地减少闷气的形成。理论上讲，闷黄只要工艺得当，制好的黄茶是不会具有明显的闷气，哪怕是湿坯闷黄。然而加工生产的现实中，会存在杀青中就开始闷黄，或因雨水叶、露水叶等缘故而导致闷黄的茶坯含水量偏高，

图10.15 黄茶杀青

以及闷黄时间偏长等原因，导致茶叶产生明显的闷气。为此，要保证黄茶正常的品质特征，就必须控制好闷黄工艺。

八、紧压黄茶

紧压茶因具有节省空间、耐储藏、造型丰富等特点，自古就有生产加工，如唐宋时期紧压的团饼茶就非常流行。在现代茶产品中，紧压茶主要是以黑茶产品为主。随着普洱茶等黑茶的流行，人们接受了黑茶产品各种压制的形状。受此影响，人们逐渐把黑茶的造形引入到不同茶类的加工生产中，也因此出现了成饼、成砖等形状的黄茶。

以黄茶为原料，经过毛茶精制、拼配、蒸压成形等工序，制成了黄金砖、黄金饼、黄金条等紧压黄茶产品。紧压黄茶的外形规整，色泽黄或黄褐，香气醇正，滋味醇厚或醇和，一上市就受到了人们的喜爱。

图10.16　紧压黄茶

九、长金花的黄茶

为适应茶叶产品多元化需求，随着茶叶加工技术的创新发展，不同茶类之间的工艺技术出现了相互借鉴融合，长金花的黄茶就是将茯砖茶的发花嫁接在黄茶产品开发中的产物。以岳阳金花黄茶为代表，将黄茶毛茶精选后匀堆拼配，并加入一定比例由茶果、茶叶熬制而成的茶汁，搅拌均匀并蒸软蒸透后，将茶叶装模筑砖，并在控温控湿的烘房内发花干燥。金花黄茶不仅有黄茶滋味的醇和，还带有金花特有的菌香，是一款非常有特色的茶叶产品。

图10.17　金花黄茶